育てて楽しむ

ウメ百科

栽培から梅干し作り、効能まで

三輪正幸

家の光協会

はじめに

ウメと人間との付き合いは古く、一説によると中国では紀元前3000年頃、日本では弥生時代頃からだといわれています。そのため、ウメに関する一般書はこれまで数え切れないほど出版・販売されてきました。筆者も学生時代からそれらの一般書を専門書や科学論文とあわせて読んで、今もなお勉強しております。

しかし、それらの一般書は、栽培本ならウメの育て方を、レシピ本なら加工方法を詳しく解説しているものの、多岐にわたるウメの情報を横断的に、そして総合的に解説した本は、極めて少ないのが現状です。本書を執筆しようと思ったきっかけも、ウメについて総合的に紹介する一般書の必要性を強く感じたからです。

そこで本書は、ウメの栽培方法（1章）、加工方法（2章）、効能（3章）、活用例（4章）、雑学（5章）について、横断的かつ総合的に解説しています。その点が類書との大きな違いで、特に強調したいポイントといえます。本として掲載できる情報量には限りがあり、正直いうと紹介しきれなかった内容がたくさんありますが、項目を厳選して掲載しました。

筆者が特に力を入れたのが、1章の「育てる」です。植物をあまり育てたことがない方にとっては、ウメの栽培は難しく感じるかもしれません。しかしウメという植物は、庭はもちろん、鉢植えでも楽しむことができ、寒さや暑さに強くて枯れにくいほか、摘果や袋かけなどの面倒な作業が必須ではなく、気軽に栽培することができます。

また、家庭でウメを栽培する最大のメリットは、

収穫するウメの品質や状態を自分で調節できるという点です。自分で育てることで、自身にとって最良の食材としてのウメを得ることができるため、筆者は自分で栽培することで初めて、究極の梅酒や梅干しなどの加工品をつくることができると思っています。ウメの加工にしか興味がないという方も、ぜひとも栽培にチャレンジしてみて下さい。

2章の「味わう」についても、多くのページを割いて解説しています。ウメを梅酒や梅干しなどにうまく加工するためには、習得すべき作業のコツやポイントが多く、経験が伴います。

そのため本書では、梅仕事歴60年という藤巻あつこさんが、研究を重ねて考案した秘伝のレシピや、作業のコツを紹介しています。筆者の栽培する側の立場にたった情報も加わり、類書にない観

点で構成されています。
3章の「効能と科学」では、古来よりいわゆる「薬」として利用されてきたウメの効能について、科学論文を引用することで明らかにしています。
4章「身近な活用例」、5章「なるほど雑学」についても、参考文献をもとに解説しています。
以上のように、本書はウメに関する筆者の経験や、諸先輩方の日々の研究成果をまとめた本です。一般の方になるべくわかりやすく、丁寧に解説するようにこころがけました。一人でも多くの方に、ウメの魅力をお伝えできれば幸いです。

2018年2月

三輪正幸

CONTENTS

第1章 育てる

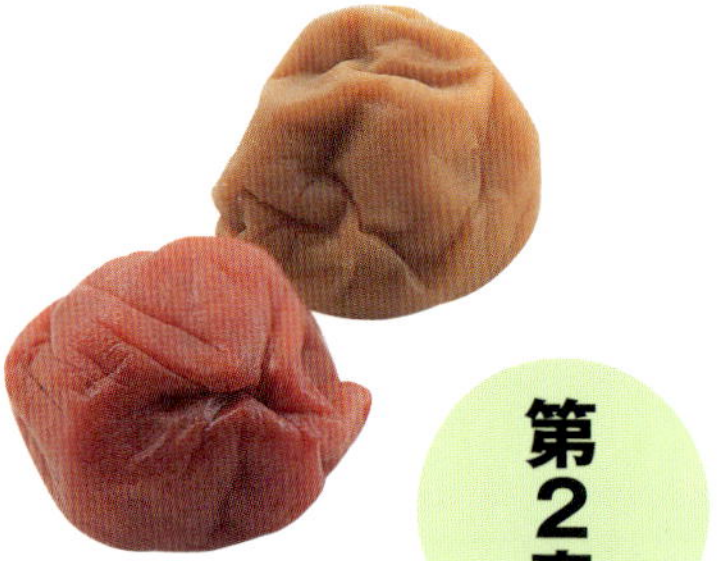

第2章 味わう

第3章 効能と科学

第4章

身近な活用例

家庭に伝わる活用法

第5章

なるほど雑学

ウメにまつわる豆知識

第1章

育てる

あまり植物を育てたことがない方にとっては、
ウメ栽培には難しいイメージがあるかもしれません。
しかし、広い庭がなくても、鉢植えで楽しむことができ、
ポイントさえ押さえれば、
初心者でもたくさん収穫することができます。
ぜひ栽培にチャレンジしてみてください。

ウメの種類

実ウメと花ウメに大別できる

一説には世界に１０００以上あるといわれているウメの品種は、実ウメと花ウメに大別することができます。

実ウメは収穫を目的として育成された品種の総称で、花の色が白色やピンク色に限定され、一重咲きのシンプルな形が多いものの、果実が大きいか品質が優れるほか、実つきがよいのが特徴です。

一方、花ウメは、花を観賞することを目的に育種・選抜された品種の総称で、花の色や形、開花時期などが多彩ですが、果実が小さいか、実つきが悪い傾向にあります。

以上のように、実ウメと花ウメというのは使用目的によって分けられた総称名ですが、収穫を目的としている場合は、必ず実ウメの苗木を選びましょう。筆者も収穫を楽しみつつ、シンプルながら花も見ごたえがある実ウメに魅力を感じ、栽培や研究を重ねています。また、本書では実ウメを中心とした栽培や利用の方法を解説しますが、これらは花ウメでも応用できるので、ぜひとも参考にしてください。

実ウメの品種

定番・人気の6品種

甲州最小（こうしゅうさいしょう）

受粉樹：不要　花粉：あり
開花期：２月中旬～３月上旬
収穫期：５月下旬～６月上旬
果重：5g 前後
用途：主に梅干し（カリカリ漬け）
特徴：別名甲州小梅。苗木１本でも実つきがよく、多収なので「竜峡小梅」と並んで、カリカリ漬けに適した小ウメ類の定番となっている。「竜峡小梅」に少し遅れて開花・収穫期を迎える。花粉が多いので早咲き品種の受粉樹に向く。

竜峡小梅（りゅうきょうこうめ）

受粉樹：不要　花粉：あり
開花期：２月上～下旬
収穫期：５月中～下旬
果重：5g 前後
用途：主に梅干し（カリカリ漬け）
特徴：主要品種のなかではもっとも開花・収穫期が早い。果肉がしっかりしているのでカリカリ漬けに向いているが、その場合は青ウメで収穫する。苗木１本でも実つきがよいため、１本しか植えられない場合におすすめ。

南高（なんこう）

受粉樹：必要　花粉：あり
開花期：２月下旬～３月中旬
収穫期：６月中～下旬
果重：25g 前後
用途：主に梅干し、梅酒
特徴：ウメを代表する品種。果皮が薄いものの破れにくく、果肉が厚いので品質のよい梅干しができやすい。日光がよく当たる部位の果皮は赤く色づくので、剪定や摘心、新梢の間引きをして果実に直射日光が当たるようにするとよい。

※開花・収穫期は関東地方平野部を基準とした目安

白加賀（しろかが）

受粉樹：必要　花粉：ほとんどなし
開花期：２月下旬～３月中旬
収穫期：６月中～下旬
果重：30g 前後
用途：主に梅酒、梅ジュース
特徴：江戸時代から続く品種で、果汁が多いため梅酒やジュース用に重宝される。開花数は多いものの花粉が極めて少ないので、実つきをよくするためには開花期が近い「南高」や「鶯宿《おうしゅく》」「梅郷《ばいごう》」などの受粉樹を植える必要があり、他品種の受粉樹には不向き。

豊後（ぶんご）

受粉樹：必要　花粉：少ない
開花期：３月上～下旬
収穫期：６月中～下旬
果重：40g 前後
用途：主に梅酒、梅ジュース
特徴：晩生品種の定番で大果が収穫できるが、実つきをよくするには受粉樹として遅咲きの品種を近くに植えるとよい。開花期が遅く、花粉が少ないので他品種の受粉樹には不向き。枝が長くて太いので剪定が重要な作業となる。

露茜（つゆあかね）

受粉樹：必要　花粉：少ない
開花期：３月中～下旬
収穫期：７月上～中旬
果重：65g 前後
用途：主に梅酒、梅ジュース
特徴：スモモとウメの交配種で、果皮や果肉が赤く色づき、サイズが極めて大きいのが特徴。ただし、若木では果実が肥大しにくい。梅酒や梅ジュースにすると、赤い色がつくので人気がある。花粉が少ないため受粉樹が必須で、遅咲きのウメ品種のほか、アンズも受粉樹に向いている。

稲積（いなづみ）
受粉樹：必要　花粉：あり
開花期：２月中旬～３月中旬
収穫期：６月上～中旬
果重：20g 前後　用途：主に梅干し
特徴：苗木１本でも実つきがよく、花粉が非常に多いので同時期に開花する品種の受粉樹に向く。

前沢小梅（まえざわこうめ）
受粉樹：不要　花粉：あり
開花期：２月上～下旬
収穫期：５月中～下旬
果重：8g 前後　用途：主に梅干し
特徴：「竜峡小梅」と同じく開花・収穫期が早いが、果実がやや大きい。苗木１本でも実つきがよく、梅干しに向く。

加賀地蔵（かがじぞう）
受粉樹：必要　花粉：少ない
開花期：２月下旬～３月中旬
収穫期：６月上～中旬
果重：30g 前後　用途：主に梅干し
特徴：ヤニ果*が発生しにくいのが特徴。花粉が少ないので受粉樹が必須。

改良内田（かいりょううちだ）
受粉樹：必要　花粉：あり
開花期：２月中～下旬
収穫期：６月上～中旬
果重：25g 前後　用途：主に梅干し
特徴：豊産性で花粉の量も多く、受粉樹に向く。収穫前の落果が少し多いので注意。

古城（ごじろ）
受粉樹：必要　花粉：少ない
開花期：２月下旬～３月中旬
収穫期：６月上～中旬
果重：30g 前後　用途：主に梅酒、梅ジュース
特徴：晩生品種の定番で大果が収穫できる。花粉が少ないので他品種の受粉樹には不向き。

パープルクイーン
受粉樹：必要　花粉：あり
開花期：２月中旬～３月上旬
収穫期：５月下旬～６月上旬
果重：5g 前後　用途：主に梅酒、梅ジュース
特徴：果皮が美しい紫色に色づく品種。2015年から全国での栽培が可能になった。

*ヤニ果については60ページを参照

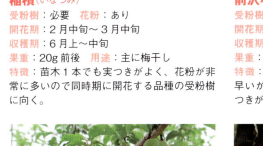

梅郷（ばいごう）

受粉樹：必要　花粉：あり

開花期：２月下旬～３月中旬

収穫期：６月中～下旬

果重：25g 前後　用途：主に梅酒、梅ジュース

特徴：果実の先端が尖っているのが最大の特徴。開花・収穫期や外観は「白加賀」と似ている。

八郎（はちろう）

受粉樹：必要　花粉：あり

開花期：２月下旬～３月中旬

収穫期：６月中～下旬

果重：20g 前後　用途：主に梅干し

特徴：果実がやや小さいながら、苗木１本でも実つきがよい。ヤニ果が少ないのも大きなメリット。

玉英（ぎょくえい）

受粉樹：必要　花粉：ほとんどなし

開花期：２月下旬～３月中旬

収穫期：６月中～下旬

果重：30g 前後　用途：主に梅酒、梅ジュース

特徴：外観が「白加賀」と似ている。果汁が豊かで最高の梅酒用品種と称される。

鶯宿（おうしゅく）

受粉樹：必要　花粉：あり

開花期：２月下旬～３月上旬

収穫期：６月中～下旬

果重：25g 前後　用途：主に梅干し

特徴：花は薄い桃色で、日光がよく当たった果実は赤く色づく。ヤニ果が発生しやすい。

月世界（げっせかい）

受粉樹：必要　花粉：あり

開花期：２月中旬～３月上旬

収穫期：６月中～下旬

果重：25g前後　用途：主に梅酒、梅ジュース

特徴：一重で薄ピンク色の花を咲かせる。根が乾燥するとヤニ果が発生しやすいので注意。

花香実（はなかみ）

受粉樹：必要　花粉：あり

開花期：２月中旬～３月上旬

収穫期：６月中～下旬

果重：30g 前後　用途：主に梅干し

特徴：実ウメには珍しく、八重咲きで薄いピンク色をした観賞性の高い花を咲かせる。

梅干しや梅酒に向いた品種は？

ウメは品種によって「梅干し用」「梅酒・梅ジュース用」などと、推奨されている用途（15〜18ページ）がありますが、これには品種がもつ性質が関係しています。

梅干しに適した品種の性質としては、塩漬け（80〜81ページ）の工程を経ても、果皮が破れにくいことが重要視されています。また、果肉が緻密で酸味や香りが豊富で、果肉が厚くてタネが小さく食べやすいことも重要です。適した品種としては、「南高」が有名です。

梅酒や梅ジュースに適した品種の性質としては、果実が比較的大きいことと、果汁が豊富なことがあげられます。また、お酒やジュースが飲みやすくなるように香りや風味だけが移り、そのほかの雑味が移らないことも重要です。適した品種では、「玉英」や「白加賀」が有名です。

ただし、これらの用途は単に推奨されているもので、例えば、梅酒に適した品種を梅干しに用いても、十分おいしく食べられます。あくまで目安としましょう。

ウメはアンズの仲間

ウメはバラ科の植物で、花などの形状から昔はサクラ属に分類されていましたが、最近の遺伝子解析による分類（APG分類体系）ではアンズ属とされています。

近縁種のアンズとは開花期が合えば交雑が可能で、「甲州最小」のような小ウメ類の多くは純粋なウメですが、「豊後」や「白加賀」などの大果な品種のウメの多くが、アンズの血が少なからず混じっているといわれています。また、「露茜」のようにスモモ属（旧サクラ属）のスモモとの交雑種もあります。

右：ウメ「甲州最小」の葉。中央：ウメ「豊後」の葉。左：アンズ「平和」の葉。「豊後」はウメとアンズの両方の特徴をもつのがわかる。

ウメ「露茜」は、スモモ「笠原《かさはら》巴旦《はたん》杏《きょう》」とウメ「養青梅《ようせいうめ》」の交配種といわれている。

花ウメの品種

花の観賞用に

緑萼（りょくがく）
開花：２月中旬～３月上旬
花形：八重
萼《がく》が黄緑色のため、緑色の花が咲いているようにみえる。多少結実する。

思いのまま（おもいのまま）
開花：２月中旬～３月上旬
花形：八重
白色の花弁に桃色がランダムに差すため、紅白の花が咲くようにみえる。

鹿児島紅（かごしまこう）
開花：２月中旬～３月上旬
花形：八重
濃い紫紅色で八重咲き。雌しべに異常があるので、非常に結実しにくい。

道知辺（みちしるべ）
開花：２月上～中旬
花形：一重
咲きはじめは花弁が紅色で、徐々に色が薄くなっていく。病虫害に強い。

本黄梅（ほんこうばい）
開花：２月中旬～３月上旬
花形：一重
花弁は薄い黄色で、雄しべの黄色い葯《やく》が目立つため、黄色の花が咲いているようにみえる。

大盃（おおさかずき）
開花：１月中旬～２月上旬
花形：一重
濃紅色の定番品種。いち早く開花が楽しめる早咲き品種。多少結実する。

栽培の特徴

ここからは、ウメの栽培方法を具体的に説明していきます。ウメは寒さや暑さに強く、国内の多くの地域で栽培できます。管理作業もそれほど多くはなく、ポイントさえ押さえれば初心者でもたくさんの果実を収穫することができます。ぜひチャレンジしてみましょう。

暑さや寒さに強い

根が乾燥していなければ、夏は38℃程度になっても枯れない。冬はマイナス15℃程度*まで耐えることができる。

受粉樹が必要

開花期の近い異なる品種を、受粉樹として近くに植えないと実つきが悪くなることが多い。小ウメ類などの一部の品種は、受粉樹がなくても結実しやすい。

大木になりやすい

枝の伸びがおう盛で、庭植えだと3m以上の大木になることも珍しくない。毎年必ず剪定してコンパクトに仕立てる。

庭植え、鉢植えを問わない

庭植えはもちろん、鉢植えでも育てることができる。

*果樹栽培基本方針（農林水産省：2016年）

栽培カレンダー

ウメの生育サイクルと、年間の管理作業をカレンダーにまとめました。関東地方平野部の気候を基準にしているので、住んでいる地域によってそれぞれの適期を調整してください。

7月	8月	9月	10月	11月	12月
花芽分化	花芽分化	花芽分化	花芽分化		
				落葉	落葉
果実の着色・成熟				休眠	休眠
				植えつけ、植え替え	植えつけ、植え替え
				剪定	剪定
				油かすなど	
2週間降雨がなければ、たっぷり	2週間降雨がなければ、たっぷり	2週間降雨がなければ、たっぷり	極端に乾燥しなければ必要ない	極端に乾燥しなければ必要ない	極端に乾燥しなければ必要ない
毎日	毎日	毎日	2日に1回	3日に1回	5日に1回
日当たりのよい屋外	日当たりのよい屋外	日当たりのよい屋外	日当たりのよい屋外	日当たりのよい屋外	屋外（-15℃以上の場所）（つねに7℃以上の場所は不可）

		1月	2月	3月	4月	5月	6月
生育サイクル			開花	開花			
					新梢伸長	新梢伸長	新梢伸長
		休眠		果実肥大	果実肥大	果実肥大	
主な作業（庭植え・鉢植え）			人工授粉	人工授粉	摘果	収穫・保存	収穫・保存
		剪定			摘心	摘心	
		落ち葉と枯れ枝の処分		タネまき・接ぎ木（休眠枝の腹接ぎ）		新梢の間引き・捻枝	新梢の間引き・捻枝
		穂木の採取・保存					
主な管理	肥料（庭植え・鉢植え）			化成肥料（8-8-8）など◆		化成肥料（8-8-8）など◆	
	水やり（庭植え）	極端に乾燥しなければ必要ない					
	水やり（鉢植え）	7日に1回	7日に1回	3日に1回	2日に1回	2日に1回	2日に1回
	置き場（鉢植え）	屋外（-15℃以上の場所）（つねに7℃以上の場所は不可）	屋外（-15℃以上の場所）（つねに7℃以上の場所は不可）				

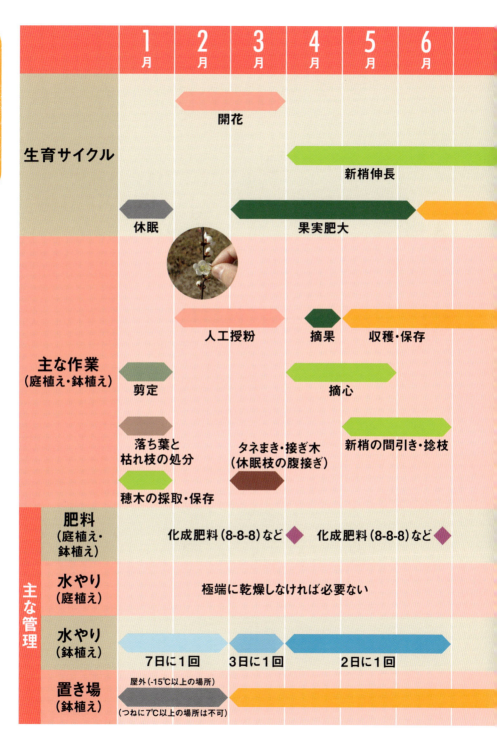

鉢植えと庭植え どちらを選ぶか

ウメはどんな品種でも庭植え、鉢植え問わず育てることができます。ご自身の環境や生活スタイル、好みなどに応じて鉢植え、庭植えのどちらにするか選びましょう。

鉢植えの特徴

○ 木がコンパクト

根の伸びる範囲が鉢の中に限られるので、枝葉も伸びにくく、木をコンパクトに維持できる。

× 水やりが必要

夏でなくても定期的に水やりをする必要がある。

× 収穫量が少ない

木が大きくなるまで待つか、複数の鉢植えがないと加工に必要な量の果実を得られない場合がある。

○ 移動できる

ウメの木が生育しやすい環境に鉢植えを移動できる。

○ 実つきがよく、初結実が早い

枝葉が伸びすぎないので、果実に養分が行き渡りやすくなり、実つきがよい傾向にある。また、同じ理由で初結実までの年数が庭植えよりも２～４年早い。

× 植え替えが必要

１～３年に１回は植え替えをして、新しい根が伸びるスペースを確保する必要がある。

庭植えの特徴

○ 水やりが不要

猛暑の夏を除いて、基本的には水やりが不要。

○ 収穫量が多い

鉢植えよりも木が大きい分、収穫量も多い傾向にある。たくさんの果実を収穫したい場合におすすめ。

× 初結実が遅い

苗木を植えつけてから初めて収穫できるようになるまで、鉢植えに比べて2～4年程度遅くなる。

× 大木になりやすい

根の伸びる範囲が広いので、枝葉も拡大して、大木になりやすい。ただし、剪定すればコンパクトな樹形を維持できる。

○ 植え替えが不要

鉢植えと異なり、植え替えは不要。

苗木選び

11月中旬〜12月

入手時期

苗木の入手時期は、落葉した状態から開花するまでのあいだの11月中旬〜12月が最適です。なぜなら、これらの時期は枝葉や根の生育が緩慢で、購入後の運搬や植えつけ、植え替えの際に根や枝葉に傷がつきにくく、植え傷みしにくいからです。そのため、11月中旬〜12月に苗木を入手した場合は、ただちに植えつけ（28ページ参照）や植え替え（30ページ参照）を行うことができます。

一方、11月中旬〜12月以外の時期に入手した場合は、購入した鉢のままで育て、適期まで植えつけや植え替えを待つほうが無難です。水やりや置き場などの都合で、どうしても入手後すぐに植えつけ・植え替えをしたい場合は、根に傷をつけないようにくれぐれも丁寧に作業しましょう。適期以外にこれらの作業をした場合は、しおれないように、作業後の1か月程度は、1〜2週間に1度は水やりをする必要があります。

入手方法

苗木の入手方法で、昔から定番なのが、園芸店などに直接出向いて購入する方法です。自身の目で納得してから購入できるのが最大のメリットです。

また、苗木業者などが発行しているカタログなどのなかから選び、ＦＡＸやインターネットなどで注文することもできます。品揃えがよいので、珍しい品種を購入する場合には特におすすめです。

受粉樹が必要

ウメは異なる品種間で受粉しないと結実しにくい傾向にあり、木が1本しかないと、実つきが悪くなるおそれがあるので、2本（2品種）以上の苗木を購入しましょう。15〜18ページを参考に、開花期が近くて花粉がある（多い）品種を受粉樹に選ぶことも重要です。なお、受粉樹が不要と書かれている品種でも、受粉樹があったほうが実つきがよくなります。

棒苗と大苗がある

苗木のサイズはもちろん、樹齢もさまざまなものが混在して販売されているので、好みや栽培環境に合ったものを選びましょう。

棒苗

一般的にもっとも多く流通しているのは、1~2年生で棒状の枝が1本伸びた棒苗です。2年生の苗木では、先端付近から枝が数本発生しています。安価で持ち帰りが容易なほか、若木なので「開心自然形仕立て」（35ページ参照）などの低樹高な仕立てにも対応できます。ただし、初結実までに最低でも3年程度はかかります。

大苗

3年生以上の苗木で、たくさん枝分かれしている苗木を大苗といいます。収穫まで何年も待つ必要がないのが最大のメリットで、3~6月には果実がついた状態で販売されていることもあります。流通量が少ないほか、棒苗よりも高価です。

また、購入した苗木が低い位置で枝分かれしていないと、低樹高に仕立てるのが難しくなります。

よい苗木の条件

※休眠期の棒苗の場合

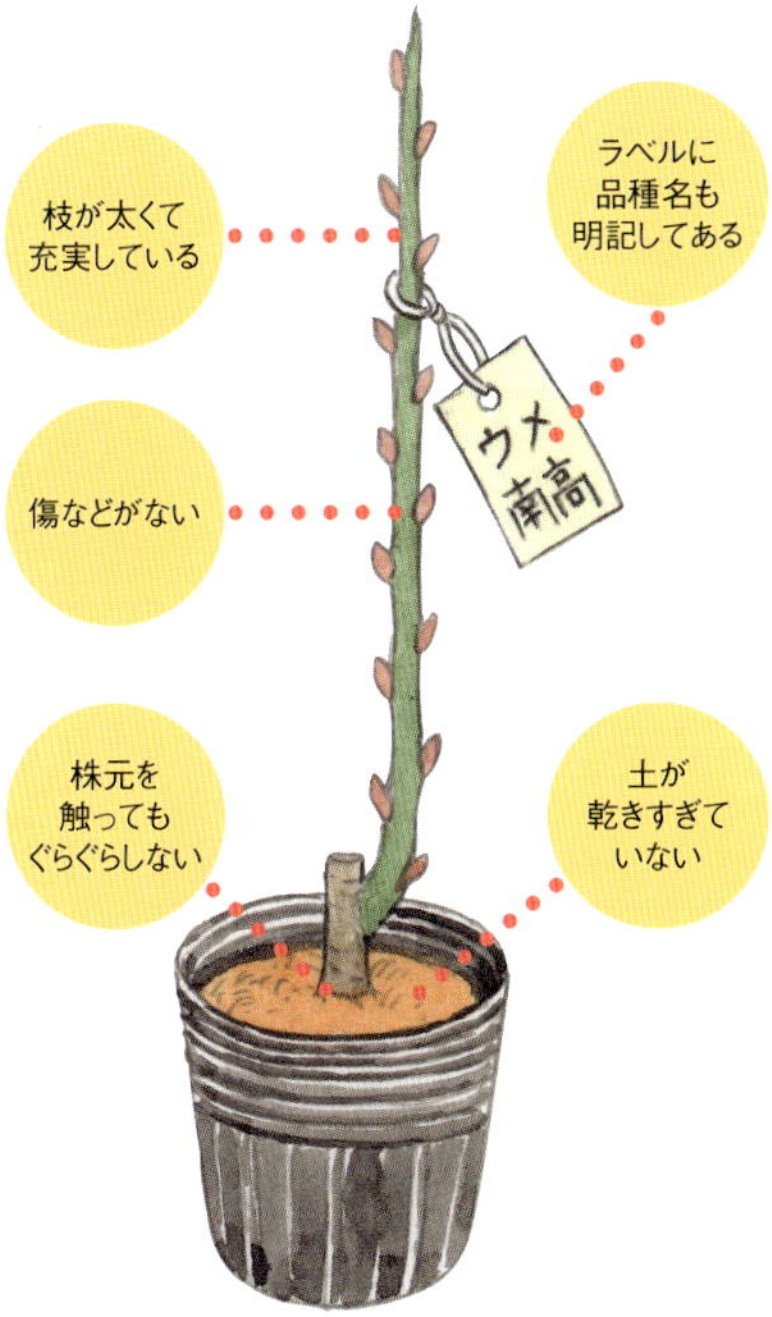
枝が太くて
充実している
ラベルに
品種名も
明記してある
ウメ
南高
傷などがない
株元を
触っても
ぐらぐらしない
土が
乾きすぎて
いない

園芸店などで直接苗木を購入する際には、上記の点に注意して選ぶとよい。病虫害の被害がなく、枝が充実していることはもちろん、品種名が明記してあることが重要。

大苗

すぐに収穫できるほか、多少の環境の変化にも対応できるので初心者にはおすすめ。流通量が少なく、高価。

棒苗

流通量が多い定番の苗木。前年度の売れ残り品の場合は、棒状の枝の先端から数本の枝が発生している。

11月中旬～12月

庭への植えつけ

土壌改良

適期：植えつけの1～2か月以上前

ウメは樹木なので、庭などに一度植えつけたら、その後は施肥や軽く土を掘り返す程度の土づくりしか行えません。そのため、植えつける1～2か月前、可能なら半年以上前に①～②の土壌改良をする必要があります。

①酸度の調整

ウメの根は弱酸性の土を好みます。pHでいうと5.5～6.5程度で、この値は他の果樹と比べても範囲が広く、周囲の庭木や野菜などが問題なく生育している土地では、酸度は調整する必要がないでしょう。

しかしながら、周囲の植物の生育がよくない場合は、酸度測定キットや酸度計などを用いて土の酸度を測ってみましょう。pHが5.5より低い場合は苦土石灰《くどせっかい》か消石灰を、pH6.5より高い場合は硫黄末《いおう》などを、②で掘り起こす土に100g程度混ぜ込み、再度測定して土の酸度の値が適正な範囲内に収まるまで調整します。

②植え穴を掘り、有機物を施用

植え穴を掘る場合は、苗木が埋まる程度の深さの穴ではなく、より深く掘り起こして土をやわらかくしておくことで、その後に伸びる根の生育をよくする効果があります。植え穴はなるべく広くて深いほうがよいですが、最低でも直径70㎝、深さ50㎝は確保します。掘り上げた土には腐葉土などの有機物を1～2袋（14～28ℓ）混ぜ込んで、さらにふかふかにします。混ぜ終わったら掘り起こした土を埋め戻します。

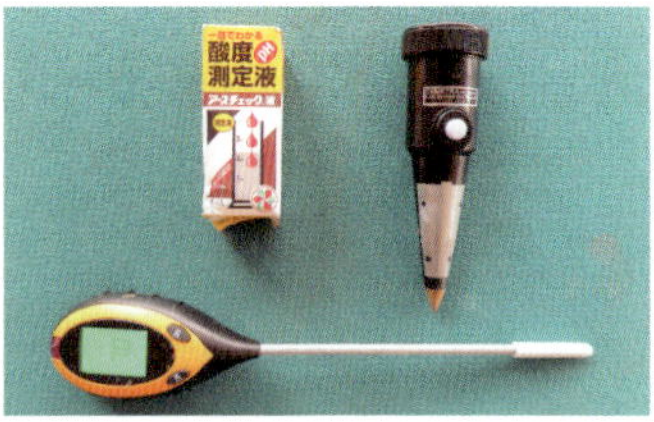

左上：広く流通している市販の酸度測定キット。右上、下：家庭用の簡易な酸度計。

左：消石灰。土のpHを上げる（アルカリ性側にする）効果がある。右：硫黄末。土のpHを下げる（酸性側にする）効果がある。

苗木の植えつけ方
（11月中旬～12月）

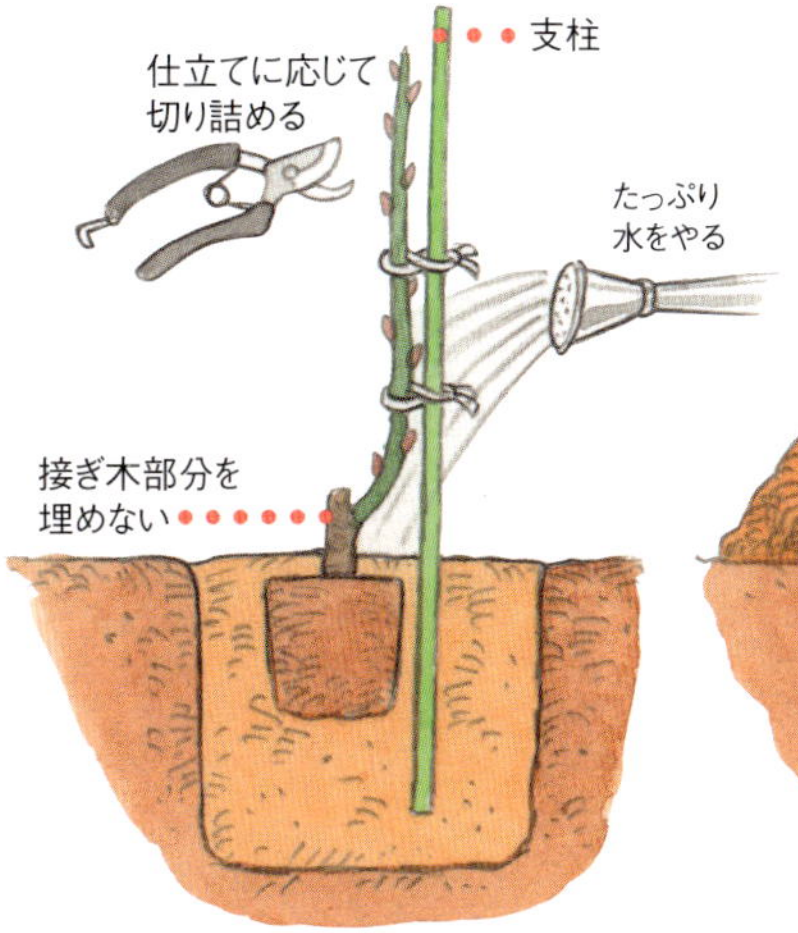
支柱
仕立てに応じて
切り詰める
たっぷり
水をやる
接ぎ木部分を
埋めない

植えつけ適期になってしまい、土壌改良が1～2か月前に行えない場合は、やらないよりはましなので植えつけと同時に土壌改良を行う。

土壌改良の方法
（植えつけの1～2か月以上前）

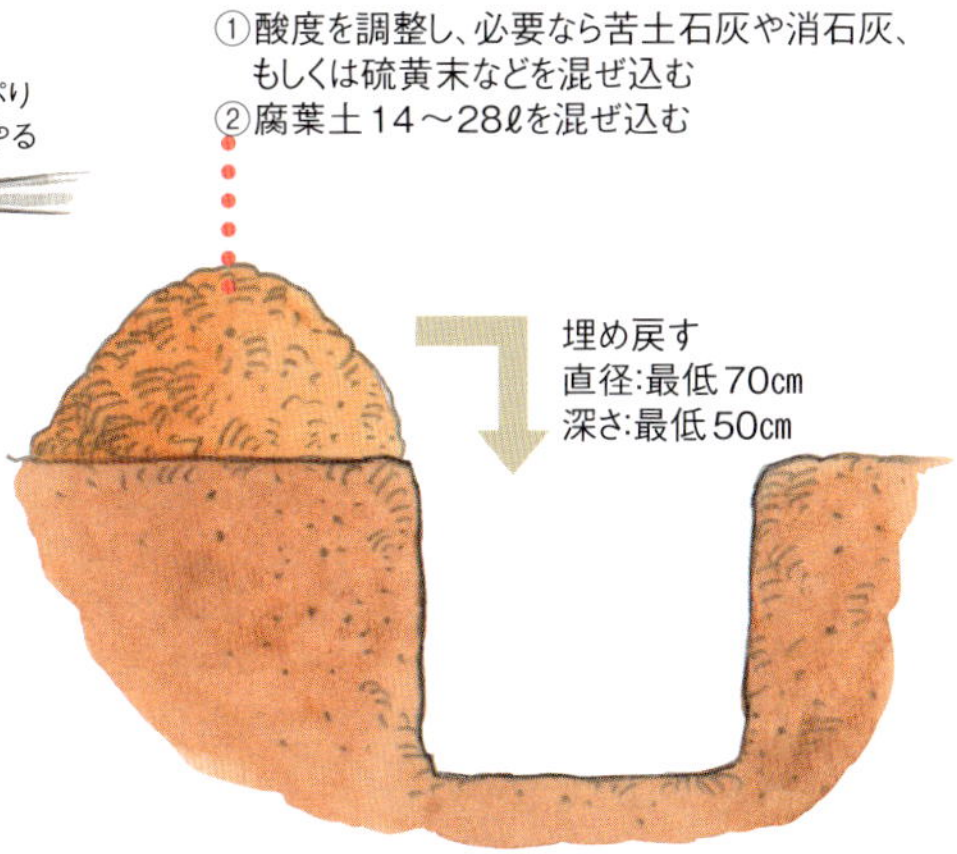
①酸度を調整し、必要なら苦土石灰や消石灰、
もしくは硫黄末などを混ぜ込む
②腐葉土14～28ℓを混ぜ込む
埋め戻す
直径:最低70㎝
深さ:最低50㎝

土壌改良では化成肥料などの肥料を混ぜ込む例もあるが、生育初期に枝が徒長したり、根が傷んだりするおそれもあるので、本書では植えつけ時に施肥しない方法を紹介する。

苗木の植えつけ　適期：11月中旬～12月

庭への植えつけにもっとも適した時期は、根の生育が停滞し、植え傷みのリスクが少ない11月中旬～12月です。1月以降でも致命的な植え傷みは起こりにくいですが、枝葉が伸長する4月以降はなるべく控えたほうが無難です。

作業のポイント

1～2か月以上前に土壌改良をしている場合は、苗木が埋まる程度の植え穴を掘るだけで構いません。

苗木の根を埋める深さが重要で、浅く植えすぎると水不足でしおれやすくなり、深く植えすぎると根に酸素が行き渡らず、生育が悪くなるばかりか、穂木《ほぎ》の部位からも発根して実つきが悪くなることがあります。浅すぎず、深すぎず、苗木の根の上部のラインと同じか、少し土がかかるように浅く植えます。

植えつけたら、自分が目標とする仕立て（34ページ参照）に応じて苗木を切り詰め、棒状の支柱を挿して苗木を固定し、水をやったら完成です。受粉樹が必要な品種は、近くに2本目の苗木を植えます。

鉢への植えつけ・植え替え

11月中旬～12月

植えつけ・植え替えが必要な状態とは

鉢植え栽培でも、植えつけ、もしくは植え替えの作業が必要です。同じ鉢で何年も育てていると、鉢の中が古い根でいっぱいになり、新しい根が伸びるスペースがなくなります。この状態を根詰まりといい、養水分をうまく吸収できなくなり、いくら水や肥料をやってもしおれたり、枝葉の伸びや葉の色が悪くなったりします。次の①～③の場合は、新しい根が伸びるスペースをつくる「植え替え」という作業が必要です。植え替えは、一般的に1～3年に一度は必要となります。なお、購入した苗木をはじめて植え替える作業を「植えつけ」とよびますが、方法は植え替えと同じです。作業の手順は32ページを参照してください。

①**棒苗を購入した場合（植えつけ）**
大苗を購入した場合は、元々の鉢がそれなりに大きいので、そのまま育てられますが、棒苗（27ページ参照）などの小さな状態の苗木を購入した場合は、鉢やポットも小さいので、大きな鉢に植え替える必要があります。

②**水がしみ込みにくい場合（右上写真）**
水やりしても1分以上しみ込まず、鉢土の上にたまっている場合は、根詰まりしている可能性が高いです。

③**根が鉢底からはみ出している場合（右下写真）**
鉢底から根が出ている場合も根詰まりの可能性が高いので、植え替えをします。

水がしみ込みにくい場合は、適期に植え替えをする必要がある。

根が鉢底からはみだしているということは、鉢の中が根詰まりしている可能性が高い。

適期とポイント

適期

鉢植えへの植えつけ・植え替えにもっとも適した時期は、11月中旬～12月です。庭への植えつけと同じで、この時期は根の生育が停滞し、植え傷みのリスクが少ないことが適期の理由といえます。2～3月の開花時に行っても枯れることはありませんが、枝葉が伸長する4月以降はなるべく控えましょう。

2つの植え替え方法

植え替え時に鉢のサイズを大きくするか、そのままの大きさにするかで方法が異なります。

《ひと回り大きな鉢に植え替える場合》

木を現在よりも大きくしたい場合は、32ページを参考にして、育てている鉢よりもひと回り大きなサイズの鉢に植え替えます。

《同じ鉢に植え替える場合》

木や鉢のサイズを大きくしたくない場合でも植え替えは必要です。33ページを参考に株を抜いて根を切り詰めて、新しい用土を同じ鉢に入れ、再び埋め戻します。

使う用土

果樹の鉢植えの植えつけや植え替えで使う用土は、水はけや肥料もちのよい土が向いています。庭や畑の土は、これらの条件を満たさない場合が多く、草が大量に発生するので基本的にはおすすめできません。また、「野菜用の土」も工夫しないと果樹には向きません。

市販の「果樹・花木用の土」が入手できればベストです。入手できなければ、「野菜用の土」に鹿沼土を7：3で混ぜて水はけを改善し、使いましょう。

市販の用土の大半に肥料（元肥）が含まれていますが、その場合は植えつけ・植え替え時に肥料を混ぜ込む必要はありません。

「果樹・花木用の土」が数社から販売されている。

「野菜用の土」：鹿沼土（小粒）を7：3で混ぜる。右側の鉢は、配分比をわかりやすく示したもの。

ひと回り大きな鉢に植え替える場合

購入した苗木を植えつける場合や、若い鉢植えを植え替える場合に行います。育てている鉢よりもひと回り程度大きな鉢に植え替えるのが特徴です。「鉢増し」や「鉢替え」ともいいます。

作業のポイント

苗木や現在育てている鉢植えをポットや鉢から抜き、太い根があれば新しい根の発生を促すために軽く切り詰めます。

ひと回り程度大きな鉢の鉢底に、3cm程度の深さで鉢底石を入れて水はけをよくします。

その後、苗木の高さを調整しながら、新しい用土（31ページ参照）を使って苗木を埋めます。その際、接ぎ木部とよばれるこぶ状の部分に土がかぶらないように、苗木の埋まる深さを調整することが重要です。また、鉢の最上部に水がたまるスペース（ウォータースペース）を3cm程度確保します。

最後に仕立て（34ページ参照）に準じて枝を切り詰め、支柱を設置して苗木を固定し、水をやったら完成です。

なるべく11月中旬～12月に行う

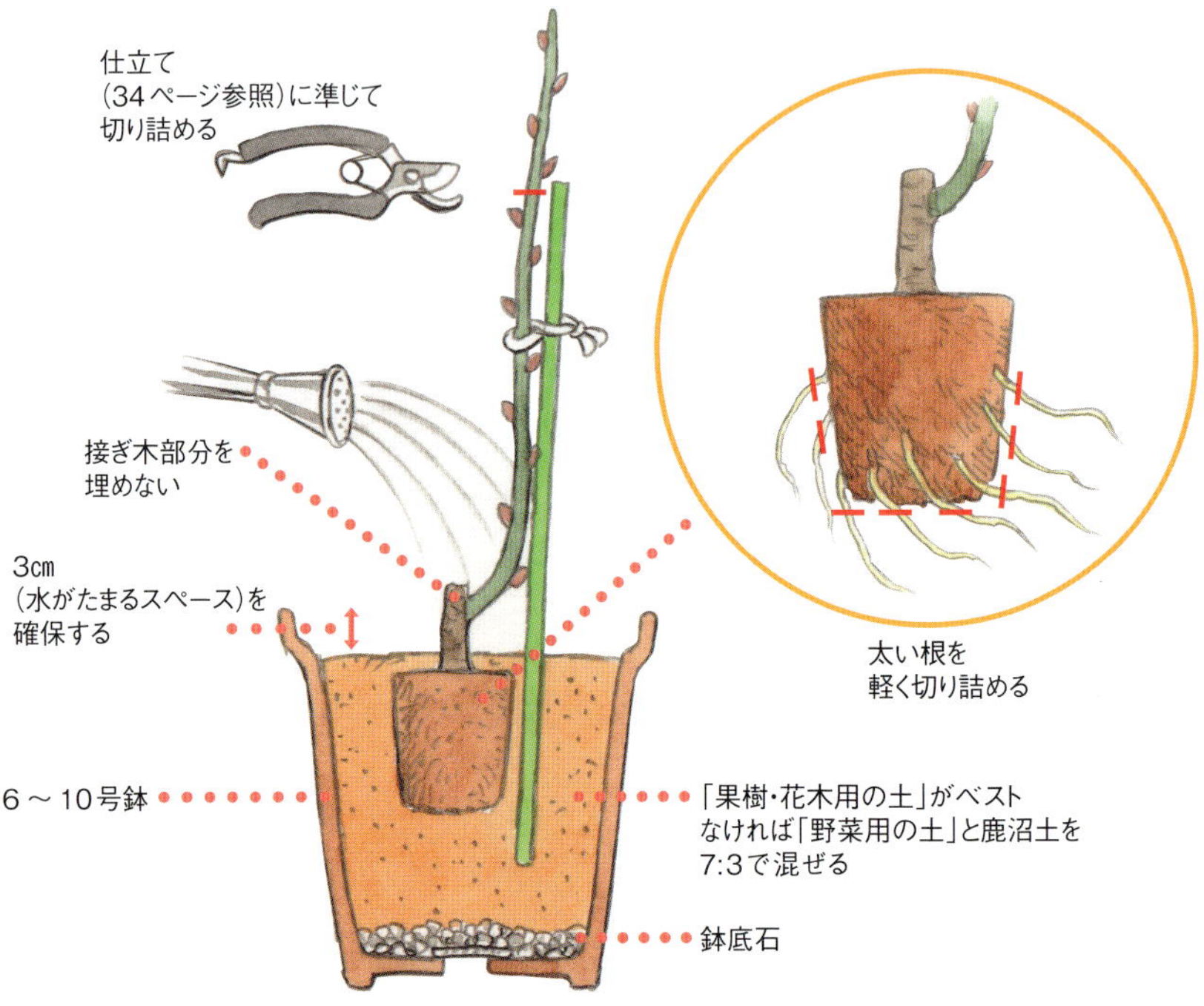

仕立て
（34ページ参照）に準じて
切り詰める
接ぎ木部分を
埋めない
3㎝
（水がたまるスペース）を
確保する
6～10号鉢
太い根を
軽く切り詰める
「果樹・花木用の土」がベスト
なければ「野菜用の土」と鹿沼土を
7:3で混ぜる
鉢底石

同じ鉢に植え替える場合

育てている鉢のサイズを大きくしたくない場合に行う植え替え方法です。鉢から根を抜き、ノコギリなどで古い根や土を切り詰めて、新しい根が伸びるスペースをつくってから、同じ鉢に植え戻すのが特徴です。

作業のポイント

①株を鉢から引き抜く

現在育てている鉢植えから根がはみ出している場合は切り、鉢を手で叩きながら株を引き抜きます。

②ノコギリで根の周囲を切り詰める

ノコギリを使って、根の周囲を土ごと3cm程度切り詰めます。根を切っても、植え替えの適期に行えば株が傷むことはありません。

③同じ鉢に埋め戻す

新しい用土（31ページ参照）を使って、同じ鉢に埋め戻します。接ぎ木部分を埋めないようにする点と水がたまるスペースを確保する点は、ひと回り大きな鉢に植え替える場合と同じです。水をやって完成です。

なるべく11月中旬〜12月に行う

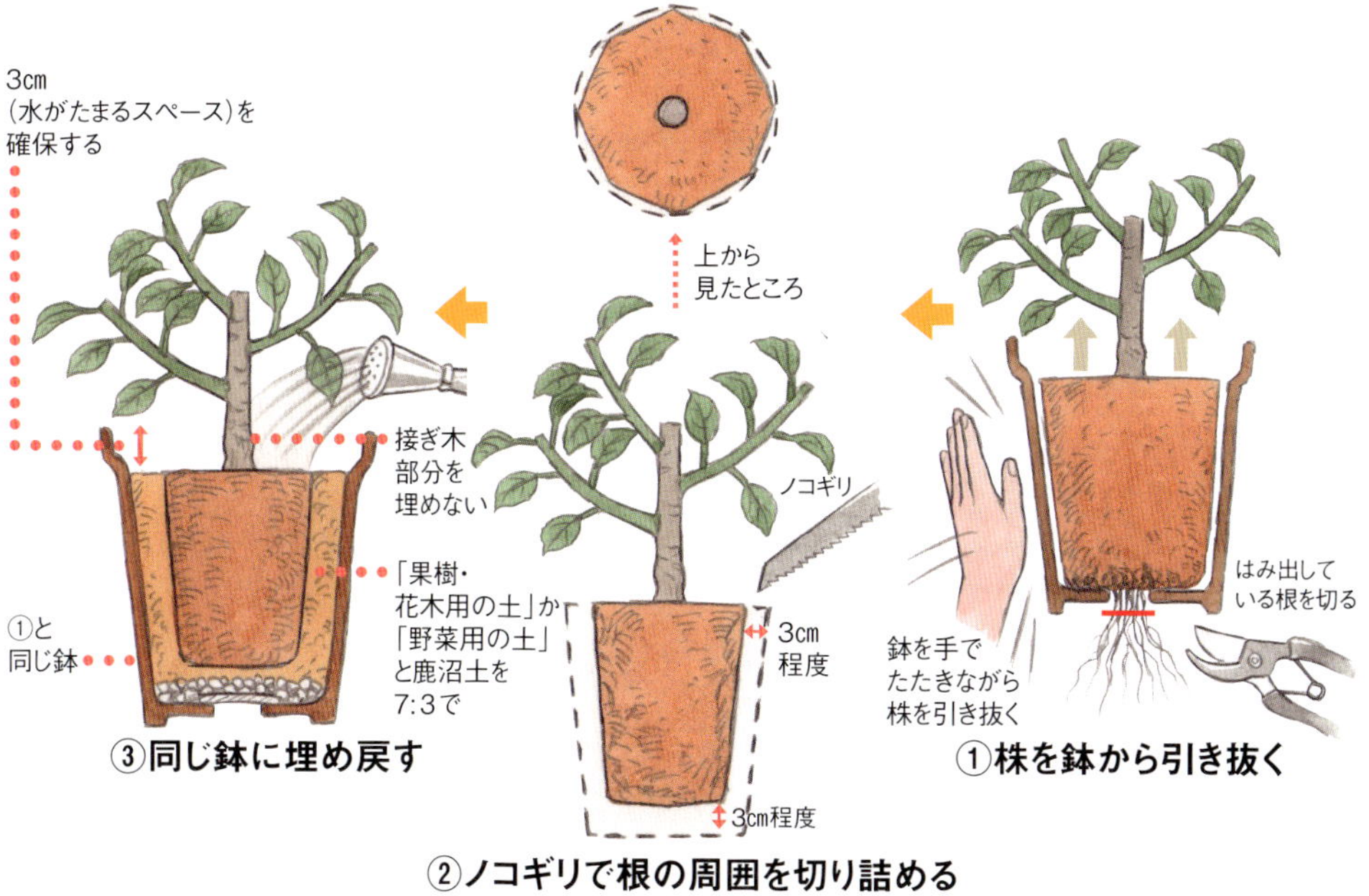

11月中旬～1月

仕立て

枝が伸びるのを放置すれば、樹高が高くなり、収穫などの作業がしにくいほか、家が日陰になってしまうこともあります。苗木を植えつけたのちに、剪定などの作業をして、管理しやすく、結実しやすいように木の形（樹形）を整えることを「仕立て」といいます。

ウメの庭植えでは、樹高を低く維持でき、果実もなりやすい「開心自然形仕立て」が理想的な樹形といえます。また、鉢植え全般や横方向にスペースが少ない庭植えでは、「変則主幹形仕立て」が向いています。どちらの仕立てでも、若木のうちから仕立てていくことが重要です。

主に鉢植えに向く「変則主幹形仕立て」

開心自然形のように枝を横に広げることなく、縦長の樹形に仕立てる。樹高が高くなったら、木の芯を止める。鉢植えのほか、横のスペースを確保できない庭植えにも向く。

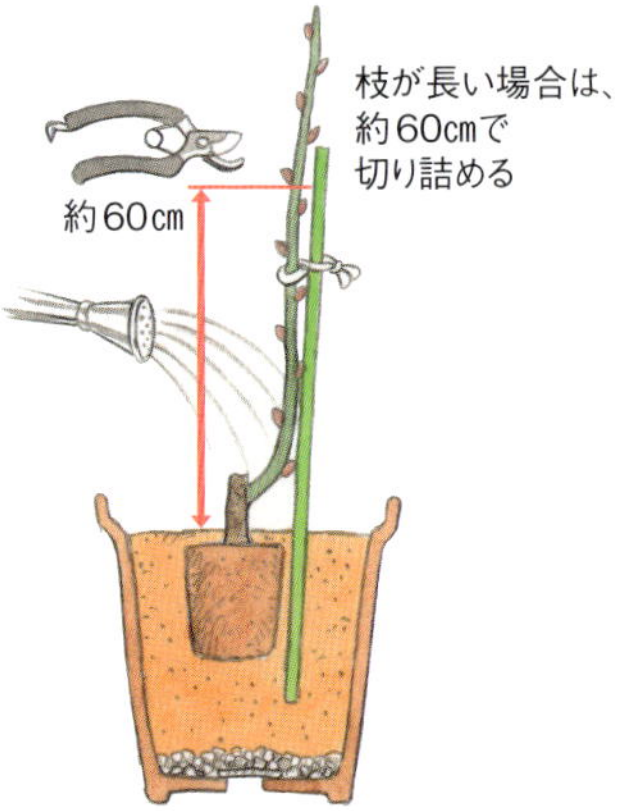
枝が長い場合は、約60cmで切り詰める
約60cm

1

植えつけ時（棒苗を植えた場合）〔11～12月〕
32ページに準じて棒苗を植えつけたら、苗木は切り詰めないか、庭植え、鉢植えともに株元から約60cm程度で切り詰める。

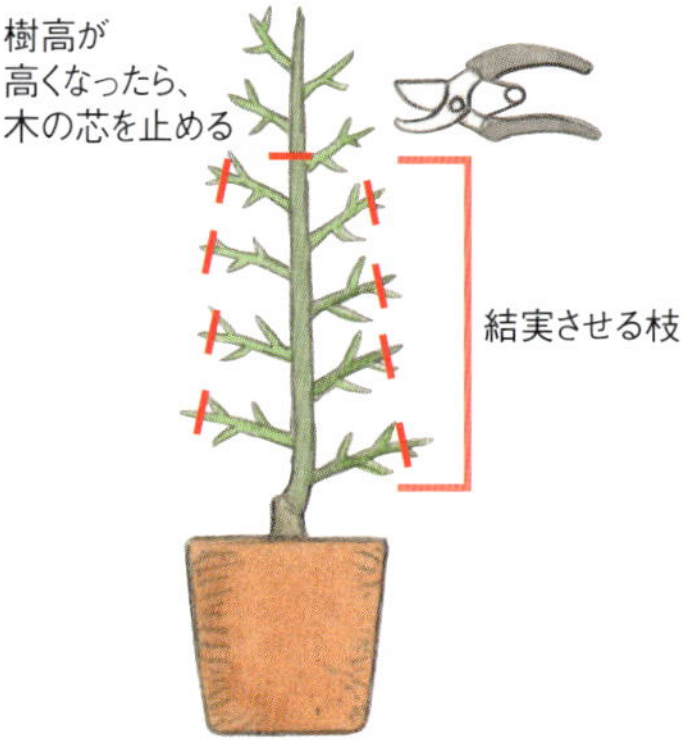
樹高が高くなったら、木の芯を止める
結実させる枝

2

植えつけから2年以降〔11～1月〕
開心自然形仕立てと同様に、なるべく短い枝がつくように仕立てる。樹高が高くなったら、先端付近の枝を分岐部で切って樹高を低くする。

主に庭植えに向く「開心自然形仕立て」

株元付近から主枝（骨格となる太い枝）を3～5本発生させ、木を横に広げて低い樹高を目指す仕立て方。主に庭植えに向く。樹高は低いが横のスペースはとる。

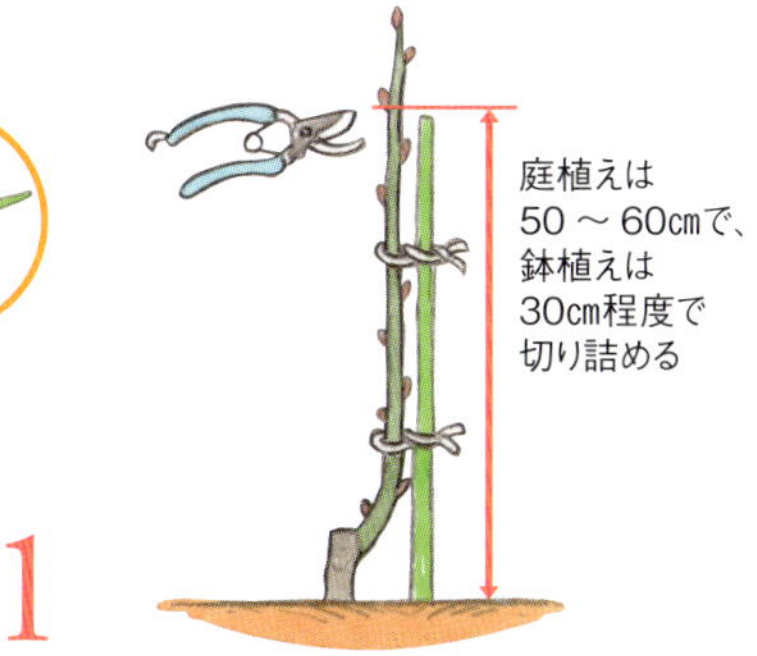
庭植えは
50～60㎝で、
鉢植えは
30㎝程度で
切り詰める
1

植えつけ時（棒苗を植えた場合）〔11～12月〕
29ページに準じて棒苗を植えつけたら、適宜苗木を切り詰める。大苗の場合は、木の大きさに応じて2～5からスタートする。

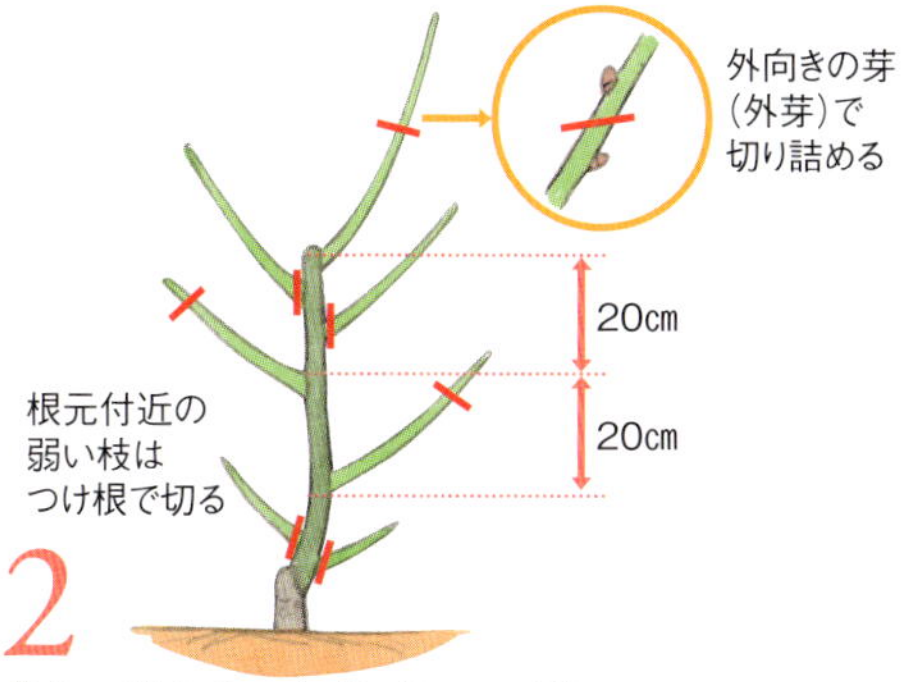
外向きの芽
（外芽）で
切り詰める
20㎝
20㎝
根元付近の
弱い枝は
つけ根で切る
2

植えつけから1年後〔11～1月〕
方向や長さ、太さが好ましい枝を3～4本選び、それ以外の枝はつけ根で切り取る。必要に応じて、支柱やひもなどを用いて角度を調整するとよい。

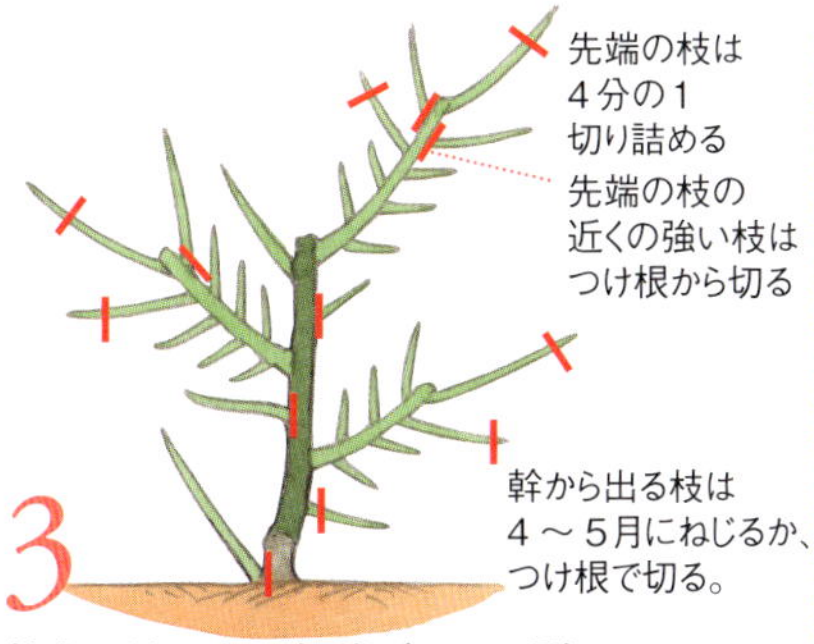
先端の枝は
4分の1
切り詰める
先端の枝の
近くの強い枝は
つけ根から切る
幹から出る枝は
4～5月にねじるか、
つけ根で切る。
3

植えつけから2年後〔11～1月〕
残した3～4本の枝が、骨格となる枝（主枝）として太くなりはじめ、そこから枝が発生する。先端の枝は1本に間引き、少し離れた枝を残しながら、枝分かれさせる。

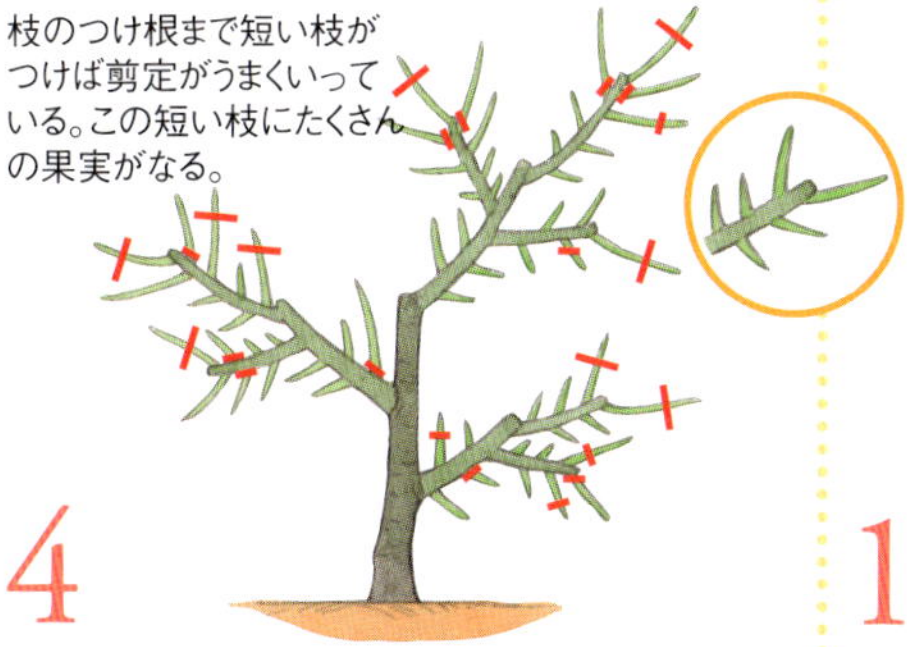
枝のつけ根まで短い枝が
つけば剪定がうまくいって
いる。この短い枝にたくさん
の果実がなる。
4

植えつけから3年後〔11～1月〕
そろそろ結実しはじめる。主枝から伸びた枝を枝分かれさせて、果実がつきやすい短い枝（短果枝）がつく枝（図の丸）を増やしていく。

5

植えつけから4年以降〔11～1月〕
成木といえるほど木が大きくなり、結実量が増加する。4の仕立てと同様に、結実しやすい枝を増やす。古くなった枝は新しい枝に更新する。

2～3月 人工授粉

実つきが悪い場合のみ行う

ウメは、花の中の花粉や蜜が豊富なほか、他の植物の開花が少ない2～3月に開花するので、ミツバチなどの昆虫が盛んに訪れます。そのため、人の手で受粉させる人工授粉は、ニホンナシやキウイフルーツのように必須の作業ではなく、ウメの生産農家ではあまり行われていません。

ただし、基本的には受粉樹が必要なため（26ページ参照）、物理的に離れている木の間で花粉をやりとりする必要があり、天候や立地などの条件によっては、受粉が失敗して実つきが悪くなることがあります。

そこで、毎年のように実つきが悪い場合のみ、人工授粉をしてみましょう。家庭で栽培する場合は、木が小さくて受粉するべき花が少ない傾向にあるので、比較的、挑戦しやすいはずです。

手が届く範囲だけでも試してみよう

実つきが悪いものの、木が大きく、花の数も多くて人工授粉ができない場合は、手の届く範囲だけでも試してみる価値があります。もし、人工授粉をした場所の結実率が高いようであれば、実つきが悪い原因が受粉の失敗だと推測できるからです。樹高が高いなど、人工授粉の手間がかけられない場合は、セイヨウミツバチやニホンミツバチを購入したり借りたりすると、以降の年は人工授粉しなくても実つきがよくなる傾向にあります。

ウメの花に訪れるセイヨウミツバチ。ミツバチの立場にたつと、ウメは貴重な初春の食料源といえる。

方法① 花を摘み取り、受粉させる

開花中の花を摘み取り、異なる品種の花にこすりつけるやり方です。これは、もっとも手軽に受粉できる方法で、家庭ではおすすめです。

まず、開花中の花をたくさん摘み取り、ポリ袋などに静かに入れます。この際、花粉が入っている器官（葯《やく》）が開いていない花や、花弁が褐変しているような咲き終わりの花は受粉には適さないので採取しません。次に摘んだ花を異なる品種の花にこすりつけます。終わったら、授ける側と授けられる側の品種を変えて受粉させます。

花から花に受粉させる方法。摘んだ花の花弁を取り除くと受粉しやすい。1花で20花程度は受粉させることができる。

葯が開いていない花

方法② 花粉を取り出し受粉させる

木が大きく、上記①の花を摘み取り受粉させる方法では手間がかかる場合は、花粉を取り出して受粉させるほうが効率的です。手順は左の1～4のとおりです。

1 葯が開いていない花をたくさん摘み取り、ポリ袋などに入れて室内に持ち帰る。

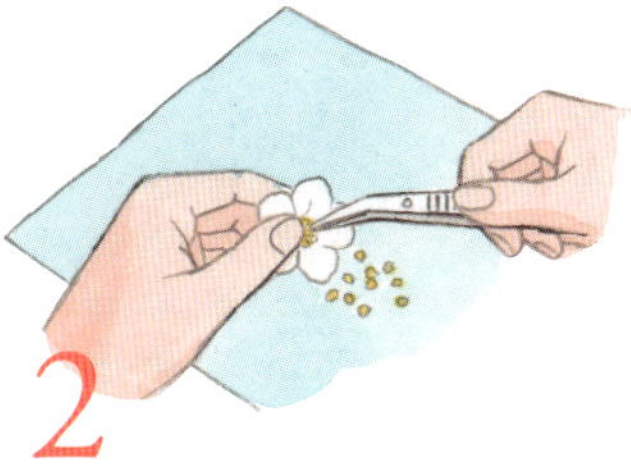

2 ピンセットで複数の品種の葯を取り出し、紙の上に敷き詰めて12時間ほど放置する。

3 花粉が葯から出たら、葯ごと瓶などに入れる。すぐ使用するか、冷凍庫で保存する。

4 絵筆などを用いて受粉させる。複数の品種を混ぜていれば、どんな品種でも利用可。

4月中〜下旬

摘果

大果を収穫したい場合のみ行う

多くの果樹は摘果をすることで、大きくて甘い果実を収穫することができます。摘果には、豊作と不作の年を交互に繰り返す隔年結果という現象を防ぐ効果もあるため、柑橘《かんきつ》類やカキなどの果樹では必須の作業といえます。

一方、ウメの場合は、特別に大きくて甘い果実の需要は少ない傾向にあります。また、翌年の花芽（花のもととなる芽）を形成しはじめる7月よりも早く収穫が終わるため、果実をならせすぎても隔年結果が起こることはほとんどありません。つまり、ウメにおいて摘果は、それほど重要な作業とはいえないのが現状です。大きな果実を収穫したい場合にのみ、行うとよいでしょう。

果実を間引く時期は早ければ早いほど、肥大を促進する効果が高い傾向にありますが、あまり早すぎると摘果後に落果して、収穫量が確保できないおそれがあります。落果が落ち着く4月中〜下旬頃が適期です。

摘果のポイント

果実を間引く際に、目安となるのが果実がついている枝（昨年伸びた黄緑色や紅色の枝）の長さです。枝の長さ5㎝当たり1果をつけることができます。つまり、15㎝の枝には3果残して、残りの果実を間引きます。なお、5㎝未満の枝には1果残します。

15㎝程度の枝は、3果残して（写真の赤丸）残りの果実を間引く。

5㎝未満の枝は、すべて1果に間引く。

4〜5月 摘心

新梢の伸びを抑える

摘心とは、新梢（4月以降に新しく伸びた枝）の先端を切って伸長を止める作業です。新梢の無駄な伸びを抑えることで、日当たりや風通しがよくなるほか、養分ロスを抑えることで新梢が充実し、翌年用の花芽の数が増えて、開花数や結実量を増加させる効果もあります。必須の作業ではありませんが、余裕があれば行いましょう。

摘心の適期は4〜5月です。枝が伸びすぎた状態で摘心しても養分消費を抑える効果は低いので、なるべく伸びはじめに摘心する必要があります。

加えて、6月以降に長く伸びた新梢を切り詰めすぎると、切り詰めた先端付近から徒長枝（長すぎる枝）が発生することで養分ロスが助長され、翌年の実つきが悪くなる可能性が高いです。6月以降の摘心はなるべく控えたほうがよいでしょう。

摘心のポイント

新梢の先端を葉10枚を残して、手で摘み取ります。ハサミを使っても構いません。

なお、昨年伸びた枝の先端付近から発生する新梢は、木を拡大させるために長く伸ばす必要があるので、摘心は不要です（左写真）。

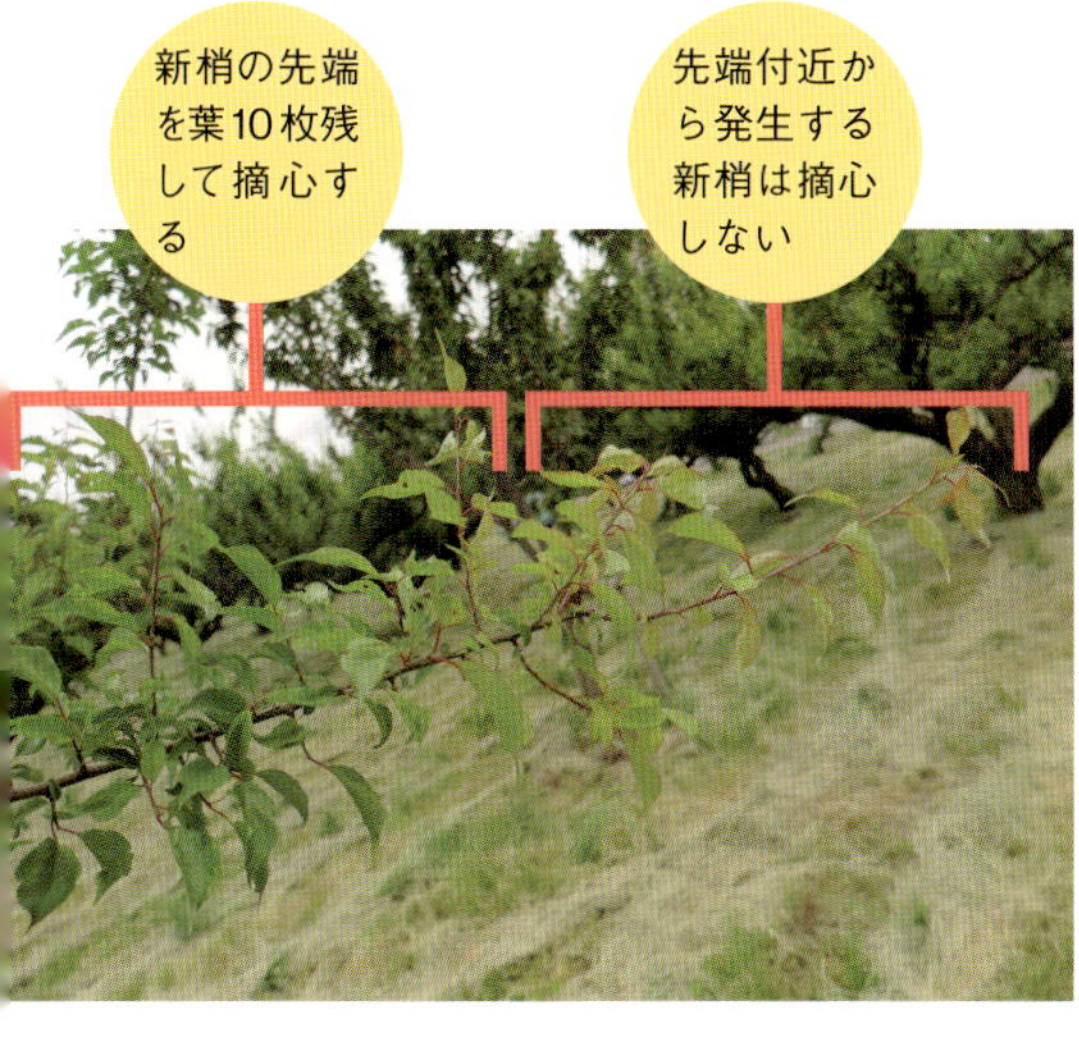
新梢の先端を葉10枚残して摘心する
先端付近から発生する新梢は摘心しない

5〜6月
新梢の間引き

日当たりや風通しをよくする

ウメは新梢の発生数が非常に多く、冬の剪定を適切に行った場合でも夏に新梢で木が混み合って、日当たりや風通しが悪くなることがあります。そのまま放置すると日光不足で枝の充実に影響があるほか、風通しが悪いために黒星病などの病気やアブラムシ類などの害虫の発生が助長されるので、初夏に新梢を間引くのが理想的です。新梢の間引きと摘心（39ページ参照）を合わせて夏季剪定とよぶ場合もあります。

適期は新梢の発生がもっとも盛んな5〜6月です。日当たりと風通しをよくするため、湿度が高くなる梅雨までに行ったほうがよいですが、間に合わなければ7月以降に間引いてもよいでしょう。ただし、昨年以前に伸びて木質化した硬い枝を生育期に切ると、切り口が塞がりにくく、枯れ込みや病原菌が入る可能性があるので、4月以降に発生した新しい枝（新梢）だけを間引きます。

新梢の間引きのポイント

葉が触れ合わないような間隔になるように新梢を間引きます。特に1m以上の長い新梢は優先的に切り取ります。新梢のつけ根で切り残しのないように切り取るのがポイントです。

新梢の間引き前
葉が触れ合って日当たりや風通しが悪い状態。

新梢の間引き後
新梢をつけ根で間引いて葉がなるべく触れ合わないようにした。

捻枝

5〜6月

新梢の向きをかえる

捻枝《ねんし》とは、新梢をねじって横向きにする作業のことです。真上に伸びる新梢を横向きにすることで、新梢の向きを欲しい方向に修正できるほか、新梢の伸びを抑えることで花芽がつきやすくなり、翌年以降の開花数や結実数を増加することができます。高度な技術を要する作業であり、必須ではありませんが、レベルアップを目指す場合はチャレンジしてみましょう。

摘心（39ページ参照）と同様に、昨年伸びた枝の先端付近から発生する新梢は、木を拡大させるために長く伸ばす必要があり、捻枝は不要です。そのため、翌年果実をつける新梢（45ページの「果実がなりやすい枝」を参照）に対して捻枝を行い、横向きにして無駄伸びを抑えます。

適期は新梢がやわらかい5〜6月です。7月以降でも行えますが、徐々に新梢が硬くなり、捻枝が難しくなるので、なるべく早い時期に行いましょう。

捻枝のポイント

捻枝でもっとも重要なのは、新梢を折るのではなく、ねじるという意識です。両手で新梢をしっかりと支え、何度もねじることで、新梢の一部をやわらかくして横向きにします。

捻枝前　中央の新梢は真上に向かって伸びているのでこのままいくと徒長枝になる。片手で新梢のつけ根をしっかりと固定し、もう片方の手でねじって新梢の一部をやわらかくする。

捻枝後　捻枝に成功すると、写真のように手を添えていなくても新梢が横向きになる。新梢を水平に折るのではなく、何度も回転させてねじるのがポイント。

5～7月

収穫・保存

梅酒は青ウメ、梅干しは黄ウメ

ウメ果実の収穫の適期は加工の用途に応じて2つに大別できます。

まず、梅酒や梅ジュースに利用する場合は、果汁が豊富な緑色で未熟な果実の状態、つまり青ウメを収穫します。青ウメの収穫適期の見極めは難しいですが、果皮の表面にある「毛じ」とよばれる毛が落ちはじめるのが目安になるほか、果実がパンパンに張って表面に光沢を発するようになるのも目安となります。

次に、梅干しや梅ジャムなどの果肉を直接利用する場合は、芳醇な香りを発するようになり果肉が軟化して黄色く色づいた黄ウメを収穫します。なお、収穫した青ウメを放置しても黄ウメになりますが（69ページ参照）、木の上で完熟させた果実のほうが香りや風味が圧倒的に優れるので、梅干しなどに利用する場合は必ず樹上で完熟させてから収穫しましょう。

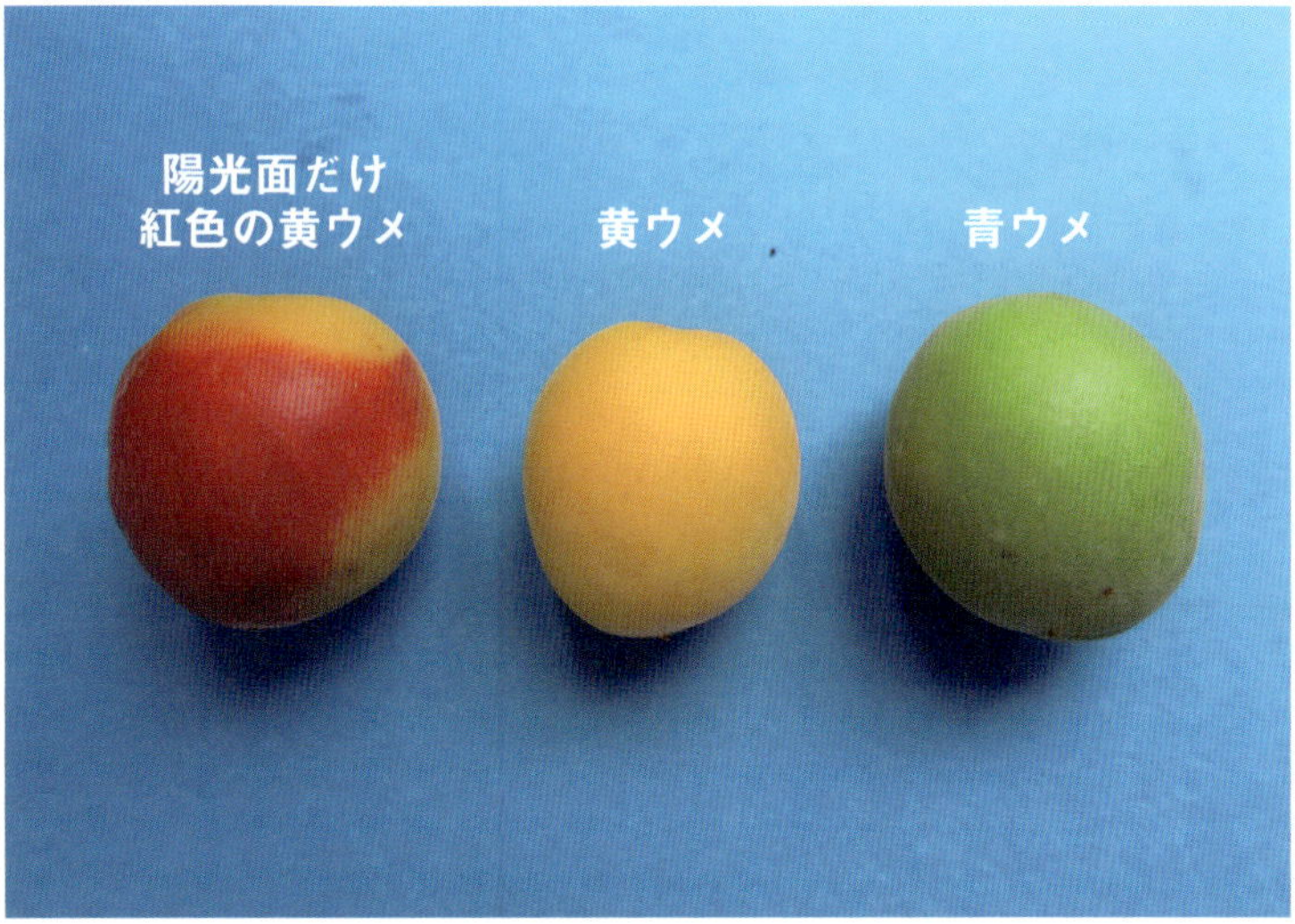

右：青ウメ。毛じが落ちはじめたら収穫する。中央：黄ウメ。通常、スーパーなどで販売されている黄ウメは、青ウメを収穫して放置してから黄ウメになっているものが多いが、樹上で黄ウメにしたほうが、風味がよい。果実の張りがなくなるほど過熟になると風味を損なう。左：陽光面だけ紅色の黄ウメ。「南高」や「露茜」などの限られた品種の陽光面だけが紅色に色づく。

収穫の方法

前ページを参考に収穫する状態を決めたら、収穫を開始します。家庭における収穫方法でもっともおすすめしたいのが、手で摘み取る方法です。果実を傷つけにくく、枝や幹を傷める心配もありません。一方、木が大きくて本数が多い場合は、木の下にシートやネットを敷いて果実が落ちるのを待つか（黄ウメ）、棒などで枝を叩いて落としてもよいでしょう（青ウメ）。果実や枝に傷がつくのが問題ですが、収穫の労力が少ないのが特徴です。

保存

ウメは貯蔵性に乏しく、家庭ではどんなにうまく保存しても生の果実のままで鮮度を維持するのが難しいので、収穫したらすぐに加工するのが基本です。やむをえない事情ですぐに加工できない場合は、ポリ袋に入れて保湿し、冷蔵庫の野菜室に入れて温度を下げると貯蔵性が高まります。ただし、呼吸量が盛んで、ポリ袋の中の果実は丸1日で濡れ、傷みやすい状態になるので、1日でも早く加工します。

手で摘み取る方法。果実を上に持ち上げると収穫しやすい。果実や枝に傷がつかない反面、収穫に手間がかかる。

枝や幹を棒で叩いて落とす方法。下にシートやネットを敷くとさらに簡略化できる。果実や枝に傷がつくのが欠点。

ポリ袋に入れて保湿し、冷蔵庫の野菜室に入れて温度を下げる。温度が低すぎると果皮が変色することもあるので注意。

剪定

11月中旬～1月

剪定前に知っておきたいこと

適期

枝の生育が盛んな時期に枝を切ると、切り口から樹液がしみ出して、傷がうまく塞がらず、枯れ込むおそれがあります。そのため、落葉がはじまる11月中旬から、開花の準備が整う前の1月下旬までが、枝の生育が停滞しており、剪定にもっとも適した時期といえます。

地方、枝が多いほど咲く花の数も多くなるので、多くの花を楽しみたい場合は、開花完了後の3月頃に剪定してもよいでしょう。ただし、枝葉が発生する4月上旬頃までには終わらせます。

花芽と葉芽の違い

ウメの冬芽は、大きな芽と小さな芽に大別できます。大きな冬芽は花芽といって、1つの花芽から1輪の花が咲きます。小さな冬芽は葉芽といって、1つの葉芽から1本の新梢（枝葉）が発生して多くの葉がつきます。

剪定する際には、まずは花芽と葉芽を区別できるようにしましょう。2～3月になったらどこに花が咲いて、4月以降にどこに枝葉が伸びて、果実がなるかをイメージしながら切ることが、剪定の上達への近道です。

花芽と葉芽の違いとその後の生育

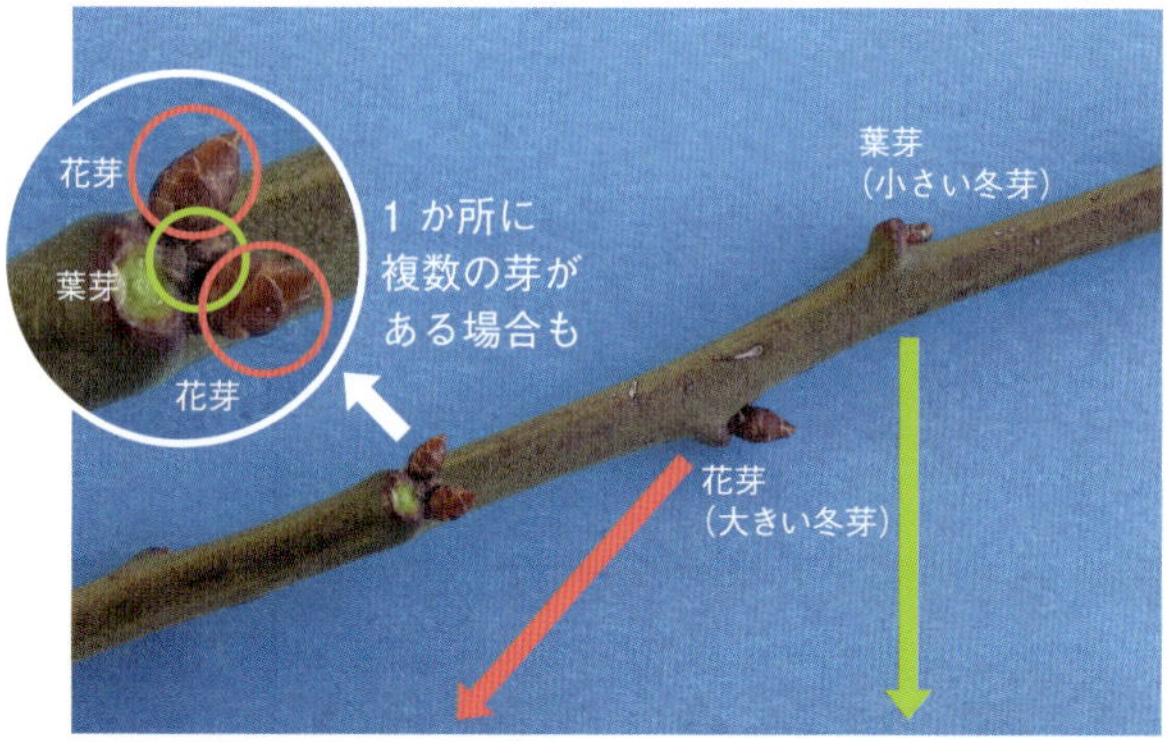

花や果実

新梢（枝葉）

果実がなりやすい枝

ウメは、春から秋に伸びた黄緑色や紅色の枝についた花芽から花が咲きますが、花が咲いたとしてもそのすべてが果実になるわけではありません。というのも、30cm以上の長くて太い枝（長果枝）には、不完全な花芽が多く、果実はあまりつきません。一方、10cm以下の短い枝（短果枝）や11～20cm程度の中くらいの枝（中果枝）には、高い割合で結実します。つまり、短果枝や中果枝を発生させ、剪定時に残すのがポイントとなります。

枝の種類と果実のなりやすさ

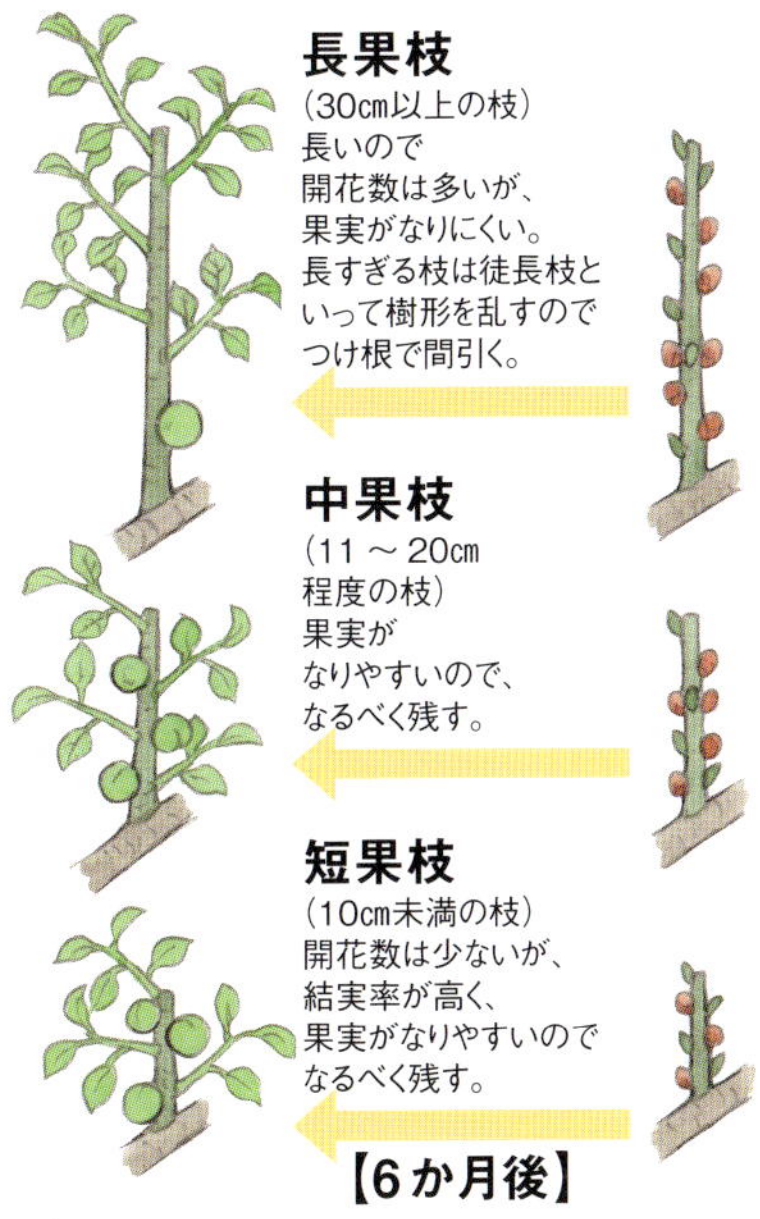
長果枝
（30cm以上の枝）
長いので
開花数は多いが、
果実がなりにくい。
長すぎる枝は徒長枝といって樹形を乱すのでつけ根で間引く。
中果枝
（11～20cm程度の枝）
果実がなりやすいので、
なるべく残す。
短果枝
（10cm未満の枝）
開花数は少ないが、
結実率が高く、
果実がなりやすいので
なるべく残す。
【6か月後】

果実がなる枝のつくり方

結実しにくい長果枝にも重要な使い道があります。鉛筆程度以下の太すぎない枝の長果枝の先端を左図のBのように5分の1から4分の1程度切り詰めることで、結実しやすい短果枝や中果枝を発生させることができ、これらの枝には剪定した翌年に果実が鈴なりにつきます。つまり、短果枝や中果枝は、長果枝を切り詰めてつくるのです。ただし、左図のCのように切り詰めすぎると再び長果枝が発生するので注意しましょう。

長果枝を切り詰める位置とその後に発生する枝の様子

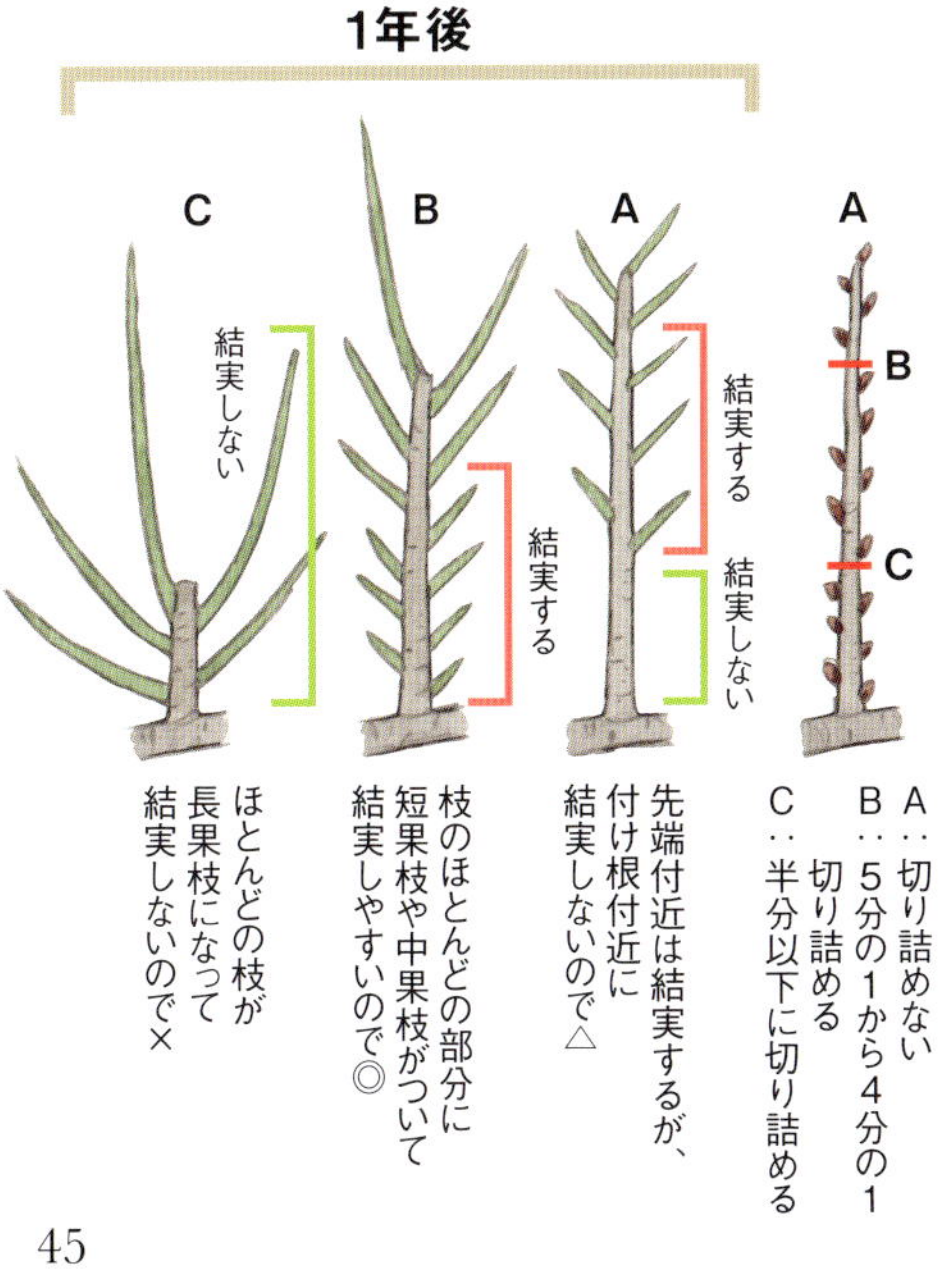
1年後
A
B
C
A
B
C
結実する
結実しない
結実する
結実しない
A：切り詰めない
B：5分の1から4分の1切り詰める
C：半分以下に切り詰める
先端付近は結実するが、付け根付近に結実しないので△
枝のほとんどの部分に短果枝や中果枝がついて結実しやすいので◎
ほとんどの枝が長果枝になって結実しないので×

4ステップでわかる 剪定の流れ

1-A
木の先端付近を切る
木を拡大させたい場合
（48ページ）

先端の長果枝を１本に間引いて切り詰める。

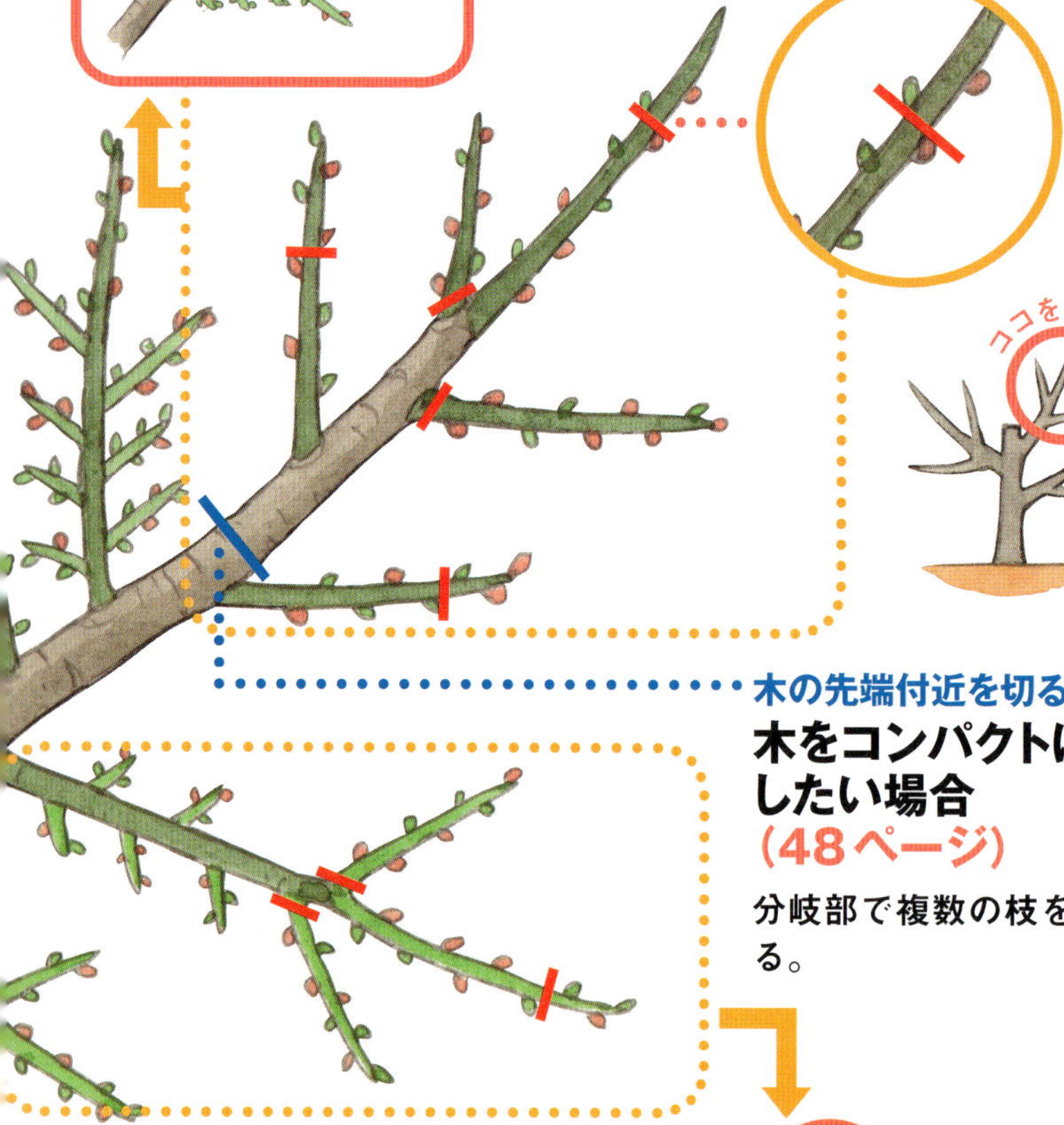

1-B
木の先端付近を切る
木をコンパクトにしたい場合
（48ページ）

分岐部で複数の枝をまとめて切り取る。

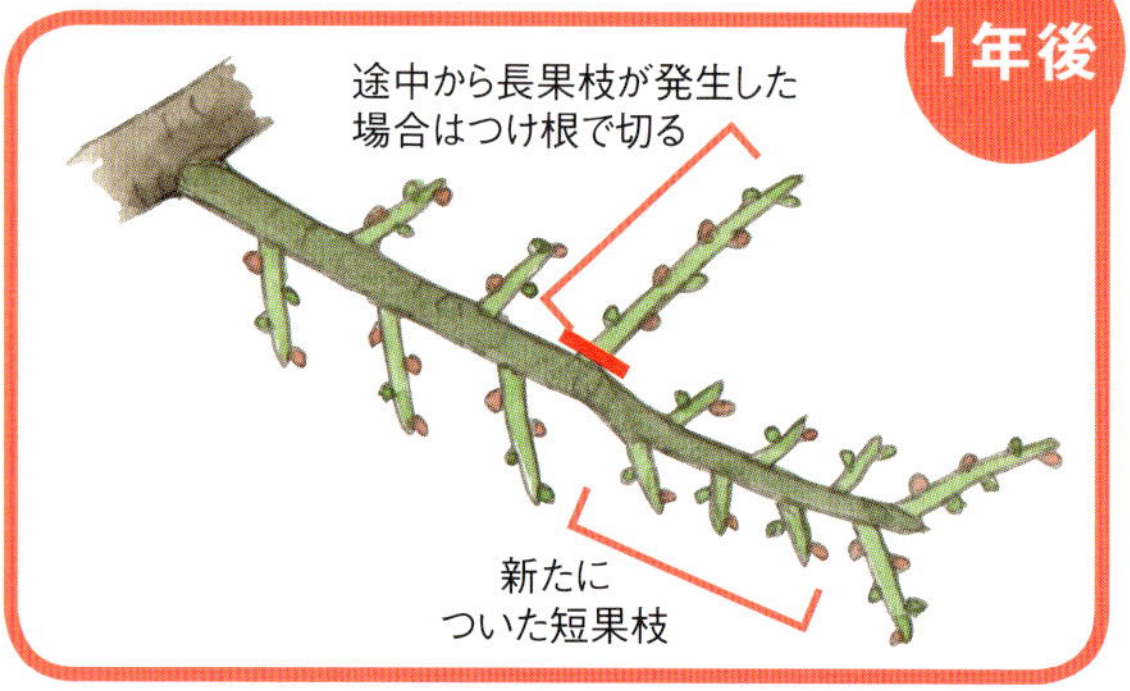

3
短果枝がつく範囲を拡大させる
（50ページ）

結実する範囲を拡大させるため、先端の長果枝を１本に間引いて切り詰める。

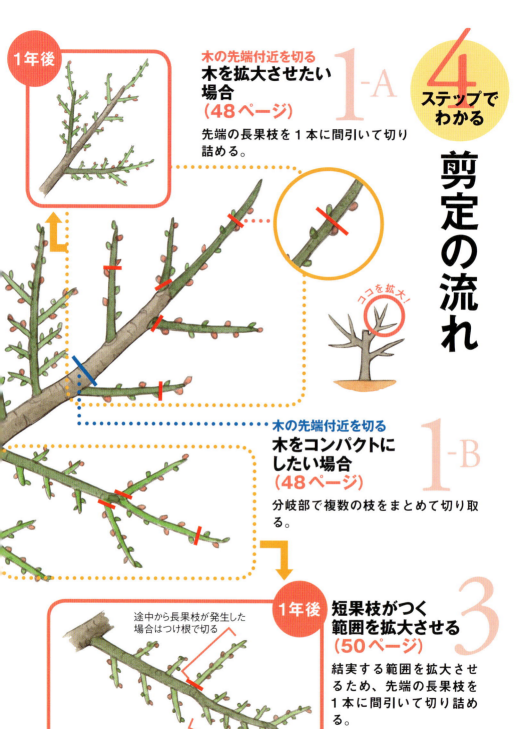

2 長果枝を間引き、先端を切り詰める
（49ページ）

太い枝から発生する長果枝を間引き、先端を切り詰めることで、翌年以降に果実がつきやすい短果枝や中果枝を発生させる。

1年後

4 古くなった枝を周囲の枝に更新する
（51ページ）

つけ根付近の結実しにくくなった枝を、周囲の若い枝に更新する。

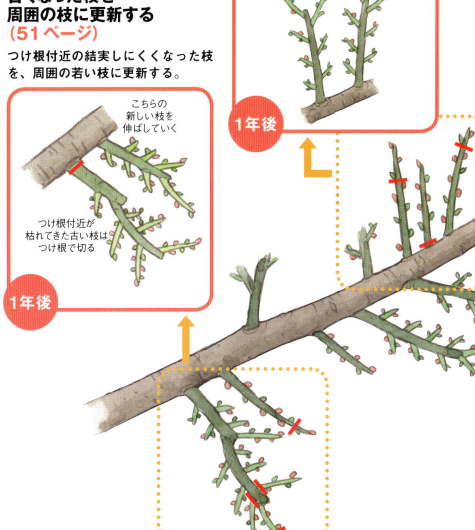

こちらの
新しい枝を
伸ばしていく
つけ根付近が
枯れてきた古い枝は
つけ根で切る
1年後

ステップ1 木の先端付近を切る

《A 木を拡大させたい場合》

先端付近から発生する長果枝（30㎝以上の長い枝）を1本に間引き、その先端を5分の1から4分の1程度切り詰めて、短果枝や中果枝の発生を促します。外向きの芽（外芽）が先端になる位置で切ると、その後に発生する枝が徒長しにくく、理想的な角度になります。

切り口には市販の切り口癒合剤を塗って、枯れ込みや病原菌の侵入を防ぎます。切り口癒合剤は、ステップ1だけでなく、次ページ以降のステップ2～4でできた切り口にも塗ります。

《B 木をコンパクトにしたい場合》

先端から少し離れた場所にある枝の分岐部までノコギリで切って木を縮小します。切り取る幹の長さは、庭植えなら50㎝以内、鉢植えなら30㎝以内にするのが目安で、これよりも長く切ると、翌年切った付近から徒長枝とよばれる長くて太い枝がたくさん発生して、樹高がさらに高くなるほか、養分が枝葉ばかりにとられて実つきが悪くなることもあるので注意しましょう。

A 木を拡大させたい 場合の切り方

ステップ2で切る
結実する

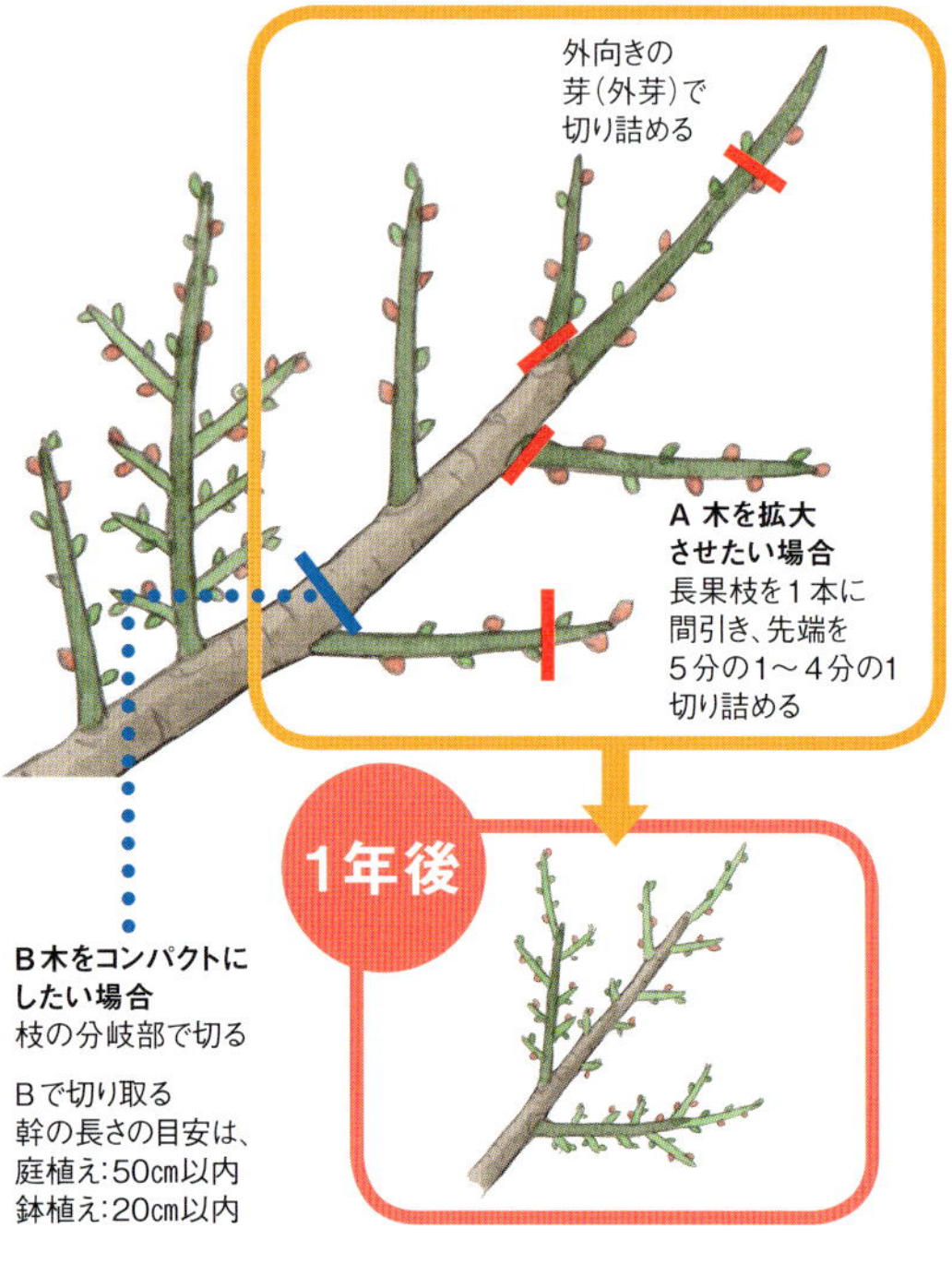

外向きの芽（外芽）で切り詰める
A 木を拡大させたい場合
長果枝を1本に間引き、先端を5分の1～4分の1切り詰める
1年後
B 木をコンパクトにしたい場合
枝の分岐部で切る
Bで切り取る幹の長さの目安は、
庭植え：50㎝以内
鉢植え：20㎝以内

ステップ2

長果枝を間引き、先端を切り詰める

ウメは、切り詰めた枝の先端付近や、主枝や亜主枝とよばれる太い枝から長果枝が発生しやすい果樹です。そのまま残すと日当たりや風通しが悪くなるほか、養分が枝にとられて実つきが悪くなるので、間引いて枝の数を減らす必要があります。

まずは、前シーズンに伸びた緑色や紅色の枝のうち、太すぎる枝をつけ根で間引きます。なぜなら太い枝は勢いが強すぎて、たとえ先端を切り詰めても短果枝や中果枝はつきにくい傾向にあるからです。そのため、鉛筆より太い枝は、すべてつけ根で切り取ります（ステップ1のAで残す先端の枝は太くても残す）。

次に細い長果枝でも、同じ方向に発生している場合は日当たりや風通しが悪くなるので、間隔が庭植えは30㎝以上、鉢植えは8㎝以上になるように間引きます。

残した枝は、先端を5分の1から4分の1程度切り詰めると、1年後には、先端から長果枝が発生し、つけ根付近には結実しやすい短果枝や中果枝などが発生します。

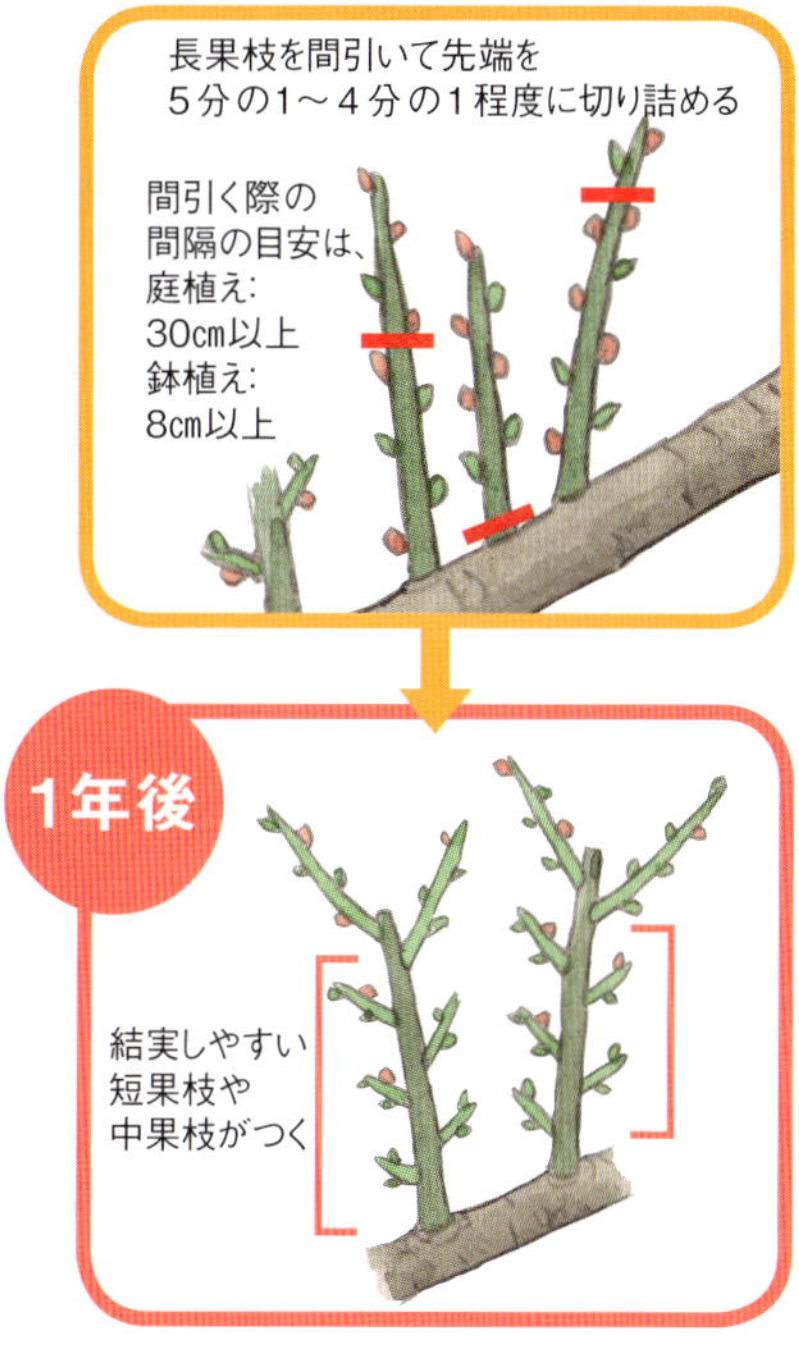
長果枝を間引いて先端を
5分の1～4分の1程度に切り詰める
間引く際の
間隔の目安は、
庭植え:
30cm以上
鉢植え:
8cm以上
1年後
結実しやすい
短果枝や
中果枝がつく

骨格となる太い枝から発生する長果枝は間引いて切り詰める。

ステップ3 短果枝がつく範囲を拡大させる

ステップ2で残した長果枝は、うまく生育すると1年後には先端から長果枝が発生し（写真のA）、残りは中果枝や短果枝が発生して（写真のB）、果実がつきやすい理想的な状態になります。

この状態で、先端（Aの部分）から発生している長果枝を再び1本だけに間引き、先端を5分の1〜4分の1程度切り詰めて1年経過すると、AがBのようになり短果枝や中果枝がつく範囲が拡大して、収穫できるスペースをさらに増やすことができます。このように枝を伸ばしながら、収穫できる範囲を徐々に拡大させていくことが、ウメの剪定では非常に重要なポイントとなります。

以上のように収穫できるスペースを拡大していくと、4年目頃から短果枝や中果枝に芽がつかなくなってきて、徐々に枯れ枝が発生しはじめます。枝が古くなってきたら、ステップ4で準備した周囲の新しい枝に更新して収穫量の減少を防ぎます。なお、下の「1年後」のイラストのように、枝の途中から発生した長果枝は、木の形や勢いを乱す原因となるので、つけ根で間引きましょう。

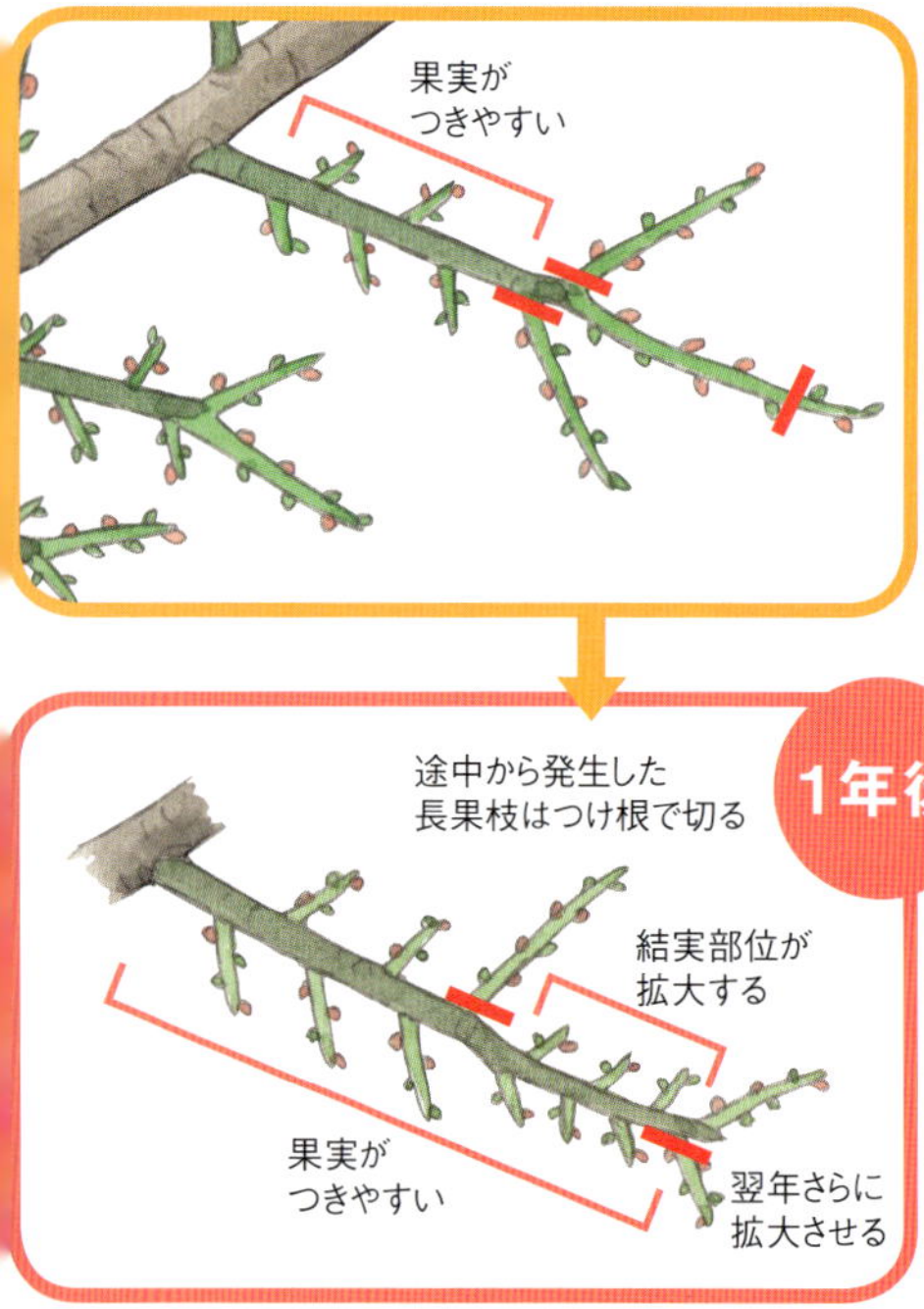
果実がつきやすい
1年後
途中から発生した長果枝はつけ根で切る
結実部位が拡大する
果実がつきやすい
翌年さらに拡大させる

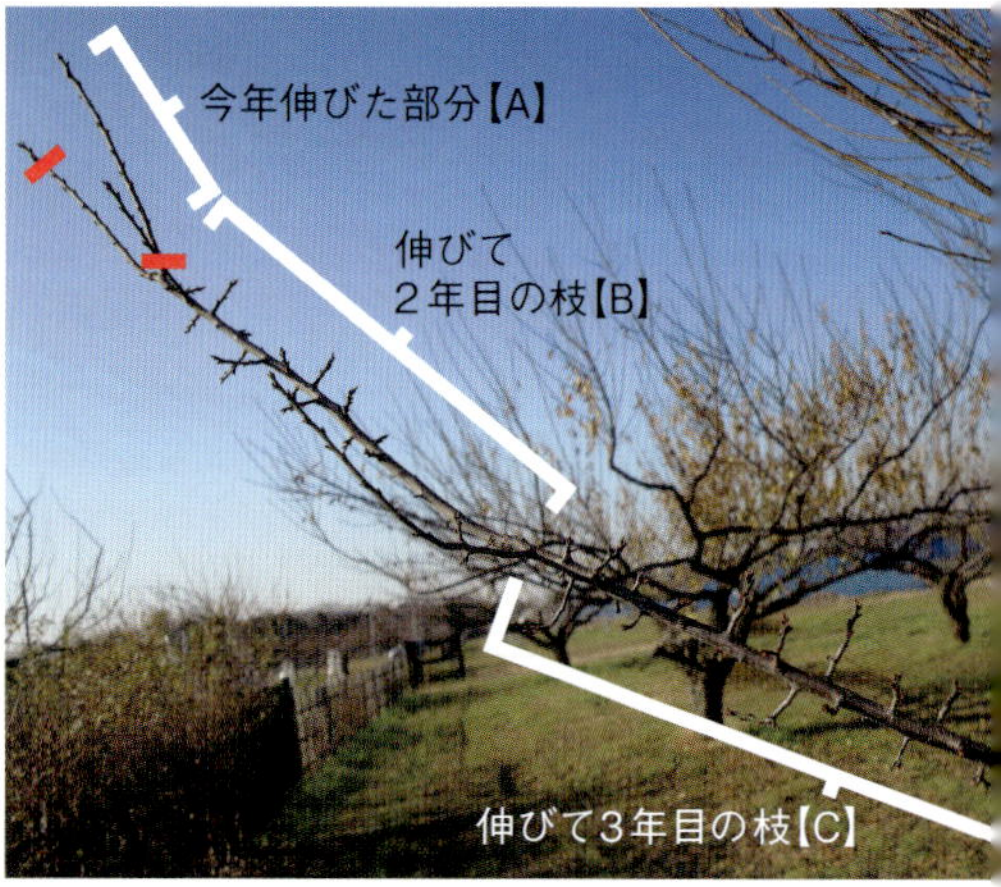
今年伸びた部分【A】
伸びて2年目の枝【B】
伸びて3年目の枝【C】

1本に間引き、先端を切り詰めて3年間使用している枝。伸びてから2〜3年目の枝には短果枝がびっしりついて収穫量も多い。

ステップ4 古くなった枝を周囲の枝に更新する

ステップ3のように枝を拡大していくと、2～3年間は結実するものの、数年後にはつけ根付近の枝が枯れはじめて、結実しなくなって実つきが悪くなります。

そこで、使用している枝が完全に古くなる前に、周囲から発生する長果枝を残して先端を5分の1～4分の1程度切り詰め、結実するような枝へと養成し、準備しておきます。結実しはじめたら、古くなった枝をつけ根で切り詰めて、更新することができます。このように、つねに将来の木の状態を考えながら、枝の世代交代をしていくことが、老木になっても収穫を楽しむコツといえます。枝の更新のタイミングは品種や木の状態によって異なりますが、3～6年程度です。

太い枝（主枝や亜主枝）の欲しい位置に長果枝が発生しない場合は、周囲の枝を間引いて、欲しい位置に日光が当たるようにすれば、新梢の発生が促され、長果枝が発生する可能性が高くなります。

つけ根付近の枝が枯れてきた

枝が古くなる前に周囲の長果枝を残して先端を切り詰めて、準備しておくとよい。

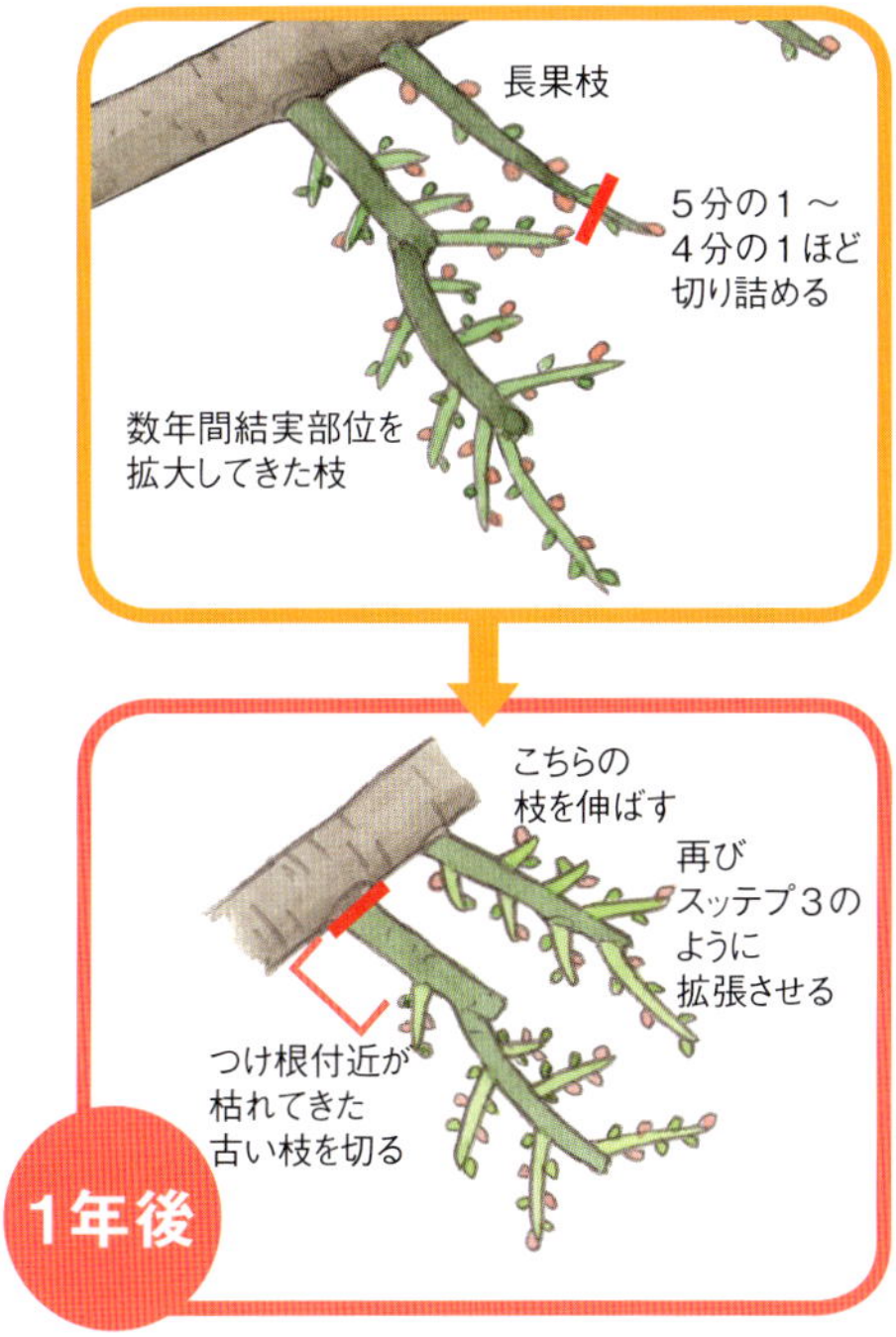

3月 ふやし方（繁殖）

接ぎ木でふやすのが一般的

ウメのふやし方でもっとも一般的なのが接ぎ木です。苗木をつくるのが目的の場合は、タネをまいて台木（接がれる側）をつくり、枝などを接ぎます。また、すでに植えてある木に、異なる品種の枝を接ぐことで（高接ぎ）、1本の木から数品種を収穫することもできます。

接ぎ木のイメージ

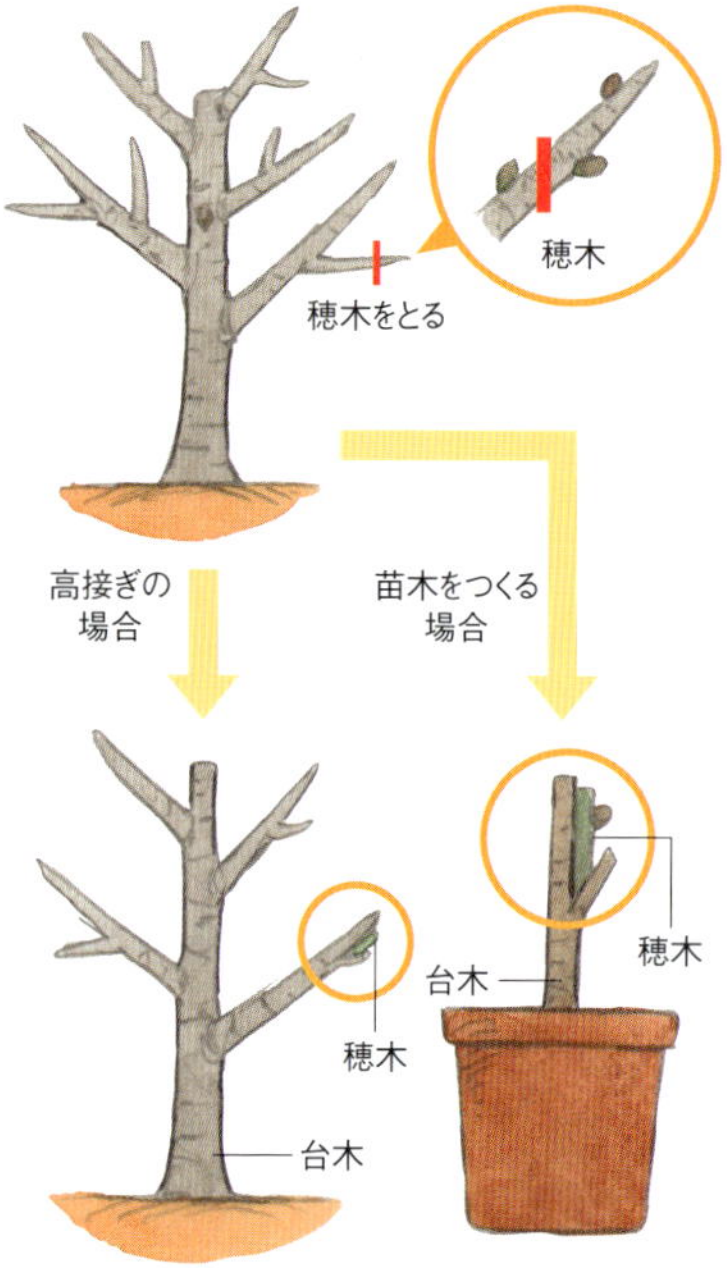

接ぐ時期や接ぐ部位など、接ぎ木の方法はさまざまですが、比較的簡単な休眠枝の腹接ぎを紹介します。

①台木用のタネをまく 適期：接ぐ1年前の3月

苗木をつくる場合は、接ぎ木の1年前の3月にタネをまいて台木をつくっておく必要があります。高接ぎ（上図）をする場合は、すでに植えてある木が台木となるのでタネをまく必要はありません。

5～7月に収穫した果実からタネ（核ごと）を取り出し、半日程度室内に放置して表面だけを乾燥させます。次にポリ袋にタネを入れて冷蔵庫の野菜室で3月まで保存します（左ページ写真❶）。冷蔵庫で保存することで、カビの発生を防止できるほか、寒さに当てて休眠を覚ます効果もあります。なお、保存中にタネが乾燥しすぎた場合は、2月上旬頃にタネを水に浸して吸水させ、水気をきってポリ袋に入れ、3月まで再び冷蔵庫で保存します。

3月になったら、野菜用の土などを詰めた鉢にまいて、たっぷりと水をやります。タネまきの1年後から接ぎ木に利用できます。庭植え、鉢植え問わず、鉢にまいて、接ぎ木に成功した苗木を利用すると便利です。

②穂木を採取・保存する　適期：1月

接ぎ木の際に接ぐ側の枝を穂木といいます。接ぎ木の適期となる3月頃には一部の枝の養水分が流動しはじめており、穂木には不向きです。そのため、冬芽が確実に休眠している1月に枝を採取し、ポリ袋などに入れ接ぎ木時まで冷蔵庫の野菜室で保存するとよいでしょう。

③穂木を台木に接ぐ（腹接ぎ）　適期：3月

適期は寒さが緩んだ3月頃。下の「腹接ぎの手順」で接ぎ木します。接ぎ木を成功させるポイントは2つです。

1つ目のポイントは、作業のスピードです。穂木や台木の切り口が乾燥すると失敗しやすいので、手早く作業することが重要です。手間取っているうちに切り口が乾燥したり変色したら、切り直しが必要です。

2つ目のポイントは、穂木と台木の形成層をぴったりと合わせることです。形成層を合わせるためには、切り口を平らにすることと、接ぎ木テープでしっかりと両者を固定することが重要です。また、穂木が萌芽《ほうが》しても半年くらいは接ぎ木部に触れないようにしましょう。

腹接ぎの手順

❶タネや穂木をポリ袋に入れて冷蔵庫の野菜室で保存する。タネまきや接ぎ木の際に取り出して使用する。

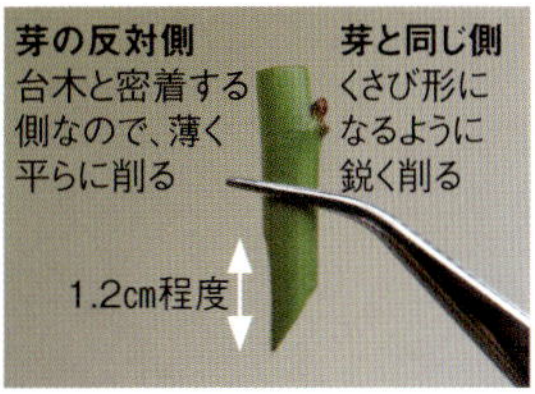

❷穂木を1芽で切り詰め、台木に密着する側（芽の反対側）を1.2cm程度薄く削り、その反対側はくさび形に削る。

❸台木の接ぎやすい位置の側面に浅く1.2cm程度の長さで切り込みを入れる。断面を平らにするのがポイント。

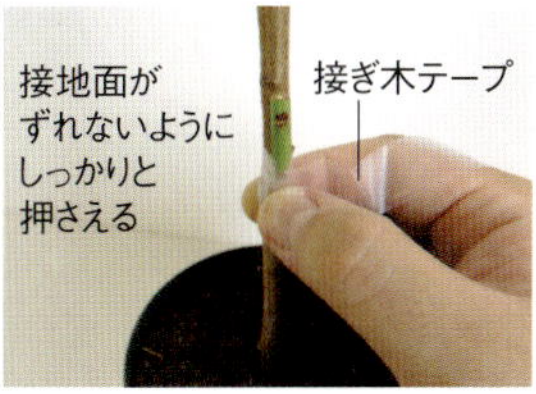

❹穂木を台木の切れ込みに挿し込み、接ぎ木テープを巻く。穂木と台木の形成層をぴったりと合わせることが重要。

❺接ぎ木テープを巻いて、接ぎ木部全体を覆ったら完成（乾燥防止）。芽の部分にテープがかぶらないように。

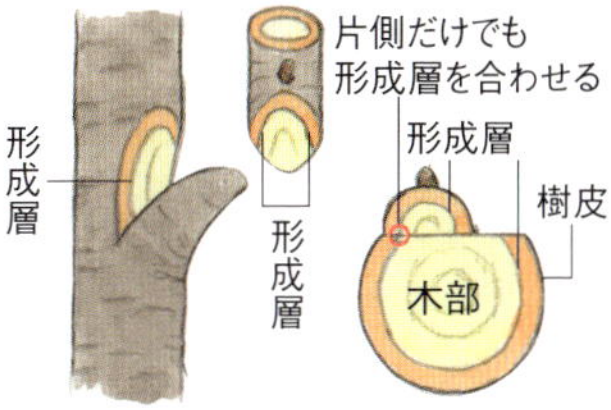

形成層の位置のイメージ。枝の太さが違う場合は、片側だけでも穂木と台木の形成層をぴったりと合わせるとよい。

病虫害対策の基本

病虫害対策は、予防をして発生を防ぐことが大切です。発生してしまったら、速やかに対処します。

予防法

日当たりや風通しをよくする

日当たりや風通しが悪いと、黒星病やうどん粉病などの病気や、カイガラムシ類などの害虫が発生しやすくなります。冬の剪定に加え、春〜夏の新梢の間引きや摘心などの作業を適切に行って、日当たりや風通しをよくしましょう。

肥料をやりすぎない

肥料、特にチッ素を多く与えすぎると枝葉が徒長し、軟弱になる傾向にあります。軟弱になった枝葉には、黒星病などの病気やアブラムシ類などの害虫が発生しやすいので、肥料のやりすぎには注意しましょう。

鉢植えは軒下に置く

黒星病などの病原菌はカビの仲間（糸状菌）なので、感染・増殖するためには水が不可欠です。鉢植えを雨の当たらない軒下などに置いて、水やりの際に枝葉や果実に水をかけないと、これらの病気の発生は激減します。

枯れ枝や落ち葉を処分する

冬に木に残った枯れ枝や木の下にたまった落ち葉は、病原菌や害虫のすみかになります。面倒でも枯れ枝は切り取って、落ち葉を拾い集めて処分しましょう。

よく観察して異常に早めに気づく

日頃から木をよく観察して、手遅れになる前に異常に気づくことが重要です。

落ち葉を拾い集めると病害虫の発生を低減できる。無農薬栽培を目指す場合は、ぜひとも行いたい。

発生したときの対処法

病虫害の名前を特定する

発生している病虫害の名前がわからないと、効果的な対処ができません。本書の56～60ページの写真や他の専門書、インターネット記事などを参考に、まずは発生している病虫害の名前を特定しましょう。

手などで取り除く

害虫については、ガーデングローブなどをはめた手やピンセット、歯ブラシなどで取り除き、処分（捕殺）するのがもっとも効果的です。発生が多い春から夏にかけては特に注意が必要です。カイガラムシ類やイラガ類などのようにウメの木で越冬する害虫については、葉が落ちた冬に発見しやすいので、歯ブラシなどでこすり落とします（下写真）。

周囲に感染が拡大する病気についても、発生の初期であれば、感染部位を取り除くことが効果的です。ただし、発生が広範囲に及んでいる場合は、大部分の葉を取り除くと木が弱るので、薬剤の散布などを検討しましょう。

奥の手は薬剤散布

いろんな手を施しても毎年のように同じ病害虫に悩まされている場合や、発生に気づくのが遅くなった場合は、予防や対処のために薬剤の散布を検討するとよいでしょう。特にマシン油乳剤は、有機ＪＡＳでも使用が認められている薬剤で、12月頃に散布するとカイガラムシ類の防除に高い効果があります。薬剤の使用については、農薬取締法で厳しく規制されています。必ず商品のラベルや説明書に従い、適正に使用してください。

カイガラムシ類（下）やイラガ類の繭（左：写真は羽化後）は、冬に歯ブラシやナイフなどで削り取るとよい。

主な病気

かいよう病

黒色の斑点が発生するのは黒星病と一緒だが、かいよう病は病斑の中心部がコルク化し、深くえぐれるので区別できる。薬剤を使用しない防除方法は黒星病に準じる。

黒星病(くろほしびょう)

果実や枝葉に黒色の斑点が発生する。発生初期であれば、被害にあった部位を取り除くとよい。日当たりや風通しを良くするために、摘心や新梢の間引き、剪定などを徹底する。薬剤散布も効果的。

すす病

(すす斑病)

果実や枝葉が黒く汚れる。アブラムシ類やカイガラムシ類の排泄物などが栄養源となって、黒いカビが生えているので、これらの害虫を駆除する必要がある。

うどんこ病

発生初期は白い粉がふいたような斑点が発生し、症状が進行すると黄色に変色する。薬剤を使用しない防除方法は黒星病に準じる。

こうやく病

白い紙粘土が薄くはりついたような病斑を形成する。弱った木に発生しやすい。カイガラムシ類などの分泌物などを栄養源にしており、木からは栄養が奪われないので、基本的には気にしなくてもよい。

炭そ病

葉の縁が褐色になり、病斑が徐々に拡大する。ひどいと葉全体が黄化して落葉する。薬剤を使用しない防除方法は黒星病に準じる。

注意しよう!

ウメ輪紋《りんもん》ウイルス

別名プラムポックスウイルスとよばれるウイルス病です。国内では2009年に東京都青梅市で発見されてから、2017年時点で東京都の一部の自治体、神奈川県、岐阜県、愛知県、大阪府、兵庫県に感染が拡大しています。

症状としては、葉や花に独特の斑点（写真）が発生し、一度感染すると完治することはありません。アブラムシ類によって媒介されるほか、接ぎ木繁殖などによって感染が拡大しています。上記の地域やその周辺の都道府県でウメを栽培する場合には注意が必要です。感染した木は伐採が義務づけられているので、疑わしい場合は、最寄りの植物防疫所などに連絡しましょう。

感染を防ぐには、発生地域から苗木や穂木を持ち込まない、アブラムシ類の防除を徹底するのが基本。治療は難しい。

ウメに対して農薬登録がある殺菌剤

（園芸店などで入手できるもの）　（2017年8月時点）

薬品名（薬剤名）＼病気名	かいよう病	黒星病	すす病（すす斑病）
Zボルドー※1（銅水和剤）	○		
GFベンレート水和剤（ベノミル水和剤）		○	○

※1：生産農家向けの薬剤で園芸店などでは入手しにくいが、家庭用の薬剤としては登録のあるものがない

参考：「農薬登録情報システム」（農林水産消費安全技術センターホームページ）

注意・登録内容は随時更新されるので、最新の登録情報に従う
・薬剤の希釈倍率、使用液量、使用時期、総使用回数、使用方法は同封の説明書の表記を遵守する
・薬剤を使用する際は風の少ない日を選び、皮膚につかないような服装や装備を心がける

ウメに対して農薬登録がある殺虫剤

（園芸店などで入手できるもの）　（2017年8月時点）

薬品名（薬剤名）＼害虫名	アブラムシ類	カイガラムシ類	ケムシ類	ハマキムシ類
ベニカ水溶剤（クロチアニジン水溶剤）	○		○	
ベニカベジフルスプレー（クロチアニジン液剤）	○			
家庭園芸用スミチオン乳剤（MEP乳剤）	○		○※1	○
家庭園芸用マラソン乳剤（マラソン乳剤）	○	○		○
モスピラン液剤（アセタミプリド液剤）	○			
キング95マシン（マシン油乳剤）		○		

※1：アメリカシロヒトリのみ

参考：「農薬登録情報システム」（農林水産消費安全技術センターホームページ）

注意・登録内容は随時更新されるので、最新の登録情報に従う
・薬剤の希釈倍率、使用液量、使用時期、総使用回数、使用方法は同封の説明書の表記を遵守する
・薬剤を使用する際は風の少ない日を選び、皮膚につかないような服装や装備を心がける

主な害虫

アブラムシ類

いろいろな種類のアブラムシ類が枝の先端の若い葉に発生し、葉が縮れる。ウメ輪紋ウイルス（57ページ）が発生している都道府県では注意が必要。見つけしだい、手で取るほか、薬剤散布も効果的。

カイガラムシ類

ウメシロカイガラムシ（左）やタマカタカイガラムシ（右）などが枝に発生して吸汁する。すす病の発生源になるので注意。歯ブラシでこすり取るほか、12月にマシン油乳剤を散布すると効果的。

コスカシバ

幼虫が糞を出しながら主幹や主枝などの太い枝を食害する。ひどい場合は木が枯れることもある。3～9月に主幹や主枝をよく観察し、糞が出ていれば針金などを用いて中の幼虫を捕殺する。

ケムシ類

アメリカシロヒトリやモンクロシャチホコなどのガの幼虫が葉を食べる。ふ化後しばらくは集団で行動するが、さなぎになる直前の幼虫は1匹で行動することが多い。葉を食べ尽くすので、早く気づいて対策をとらないと大部分の葉が食べられてしまう。手で取るほか、薬剤散布も効果的。

ハマキムシ類

幼虫が若い葉をつづり合わせて、付近の葉を食べる。葉が袋状に丸まり、中の糸が見えるのが特徴。見つけしだい、手で取るほか、薬剤散布も効果的。

イラガ類

イラガ（写真上）やヒロヘリアオイラガ幼虫が葉を食害する。右は越冬時の繭の抜け殻。木の被害も問題だが、幼虫の体表に無数のとげがあり、管理作業をする人間が触れると痛い思いをするので、見つけしだい、捕殺する。

ミノガ類

一般にミノムシとよばれるミノガ類は、幼虫がウメの葉を食べるので害虫となる。ミノは越冬時のさなぎの状態で、春から夏になると羽化して幼虫になるので、見つけしだい、手で取るとよい。

クダマキモドキ類

キリギリス（バッタ）の仲間が細い枝をかじり、ささくれ状にしたうえで、枝の中に産卵する。産卵された枝は枯れることもある。大量に発生しなければ特に気にしなくてもよい。

セジロチビキバガ

小さなガの幼虫が葉の表面を食べ、被害部は白く変色する。被害範囲は狭いことが多いので、大量に発生しなければ特に気にしなくてもよい。ウメのほか、モモやスモモなどにも発生する。

害虫じゃないよ!!

アカホシテントウ

写真の虫は、アカホシテントウの幼虫（左）や成虫（右下）。成虫はまだしも、幼虫やさなぎは少々グロテスクな風貌をしているので、カイガラムシ類などとともに歯ブラシでこすり取られてしまうことも多い。しかし、幼虫や成虫は害虫であるカイガラムシ類、特にタマカタカイガラムシを食べてくれる益虫なので、くれぐれも駆除しないように注意。

その他の障害

樹脂障害（ヤニ果）

果実や主枝や亜主枝などの太い幹から樹脂（ヤニ）が発生する。果実に多発するとヤニふき果（ヤニ果）とよばれ、微量要素であるホウ素の不足が疑われるので、2月にホウ砂《しゃ》を土の表面に施すとよい（63ページ参照）。幹に多発する場合は、コスカシバなどの害虫や日焼け、夏の干ばつや冬の寒さなどが原因として考えられるので、これらの対策をとる。

日焼け

果実の表面がくぼみ、徐々に周囲が褐色に変色する。太い幹でも発生し、樹皮がはがれて部分的に枯死することも。根が乾燥すると発生しやすいほか、枝が少なすぎて果実や幹に過度な直射日光が当たると発生。

裂果

「豊後」や「露茜」などの大果品種に発生しやすい。根が乾燥した状態で、いきなり雨が降って吸水すると果皮の肥大が追いつかず、割れることが多いので、結実期は土の水分状態を適度に保つとよい。

キノコ類

コフキサルノコシカケ（下）などのキノコが発生する。老木などの弱った木に発生しやすいので、剪定や施肥などで樹勢の回復に努める。キノコの部分を取り除いても防除効果はあまり期待できない。

コケ類やシダ類

コケ類やシダ類が樹皮の表面に発生する。生育にはほとんど影響がないので、あえて取り除く必要はない。ただし、日当たりが悪く、生育が悪い木にしか発生しないので、樹勢の低下の指標となる。

主な病虫害の発生暦と防除法

関東地方平野部基準

	1月	2月	3月	4月	5月	6月	7月	8月	9月	10月	11月	12月
かいよう病	落ち葉拾い		薬剤散布	被害部の除去	発生が少なければ発生部位を手で取り除く							剪定時に被害部を除去
黒星病	落ち葉拾い			薬剤散布	発生が少なければ発生部位を手で取り除く							剪定時の被害部の除去
すす病（すす斑病）				アブラムシ類やカイガラムシ類を駆除する								
うどんこ病	落ち葉拾い			発生が少なければ発生部位を手で取り除く								
炭そ病	落ち葉拾い					発生が少なければ発生部位を手で取り除く						
こうやく病					気にする必要はないが、発生がひどい場合はアブラムシ類やカイガラムシ類を駆除する							
ウメ輪紋ウイルス					発生しだい、最寄りの植物防疫所などに連絡する							
アブラムシ類	落ち葉拾い			薬剤散布					薬剤散布			
カイガラムシ類	こすり落とす						薬剤散布					マシン油乳剤
ケムシ類				薬剤散布			薬剤散布					
コスカシバ						幼虫を探して捕殺						
ハマキムシ類				薬剤散布			薬剤散布					
イラガ類	繭を除去						幼虫を探して捕殺					

（凡例）病虫害の発生時期

施肥

11月、4月、6月

施肥のポイント

施肥時期

肥料は一度に大量に施しても木が吸収しきれない一方で、毎月のように施すのも手間がかかります。そこで、本書では年間3回に分けて施す方法を紹介します。

開花3か月程度前の11月（冬肥・元肥）、枝葉が伸びて果実が肥大しはじめる4月（春肥・追肥）、収穫が完了した6月（夏肥・礼肥）に施すと、それぞれ木が必要とする時期に肥料が行き渡る傾向にあります。

肥料の種類

園芸店などには多種多様な肥料が販売されていますが、化学性（栄養面）と物理性（ふかふか度）を満たしていれば、どんな肥料でも構いません。本書では11月には油かす（魚かすなどを含むとさらによい）を、4月や6月には化成肥料（N・P・K＝8：8：8など）を使用する方法を紹介します。

施す場所

肥料は、根の広がっている範囲と今後根が広がる範囲に施す必要がありますが、根を掘って確認するわけにはいかないので、庭植えは枝葉が広がっている範囲（樹冠直径）の土の部分に、鉢植えは鉢土の全面に、それぞれ均一に施しましょう。庭植えについては、施肥後に軽く耕すのがおすすめです。

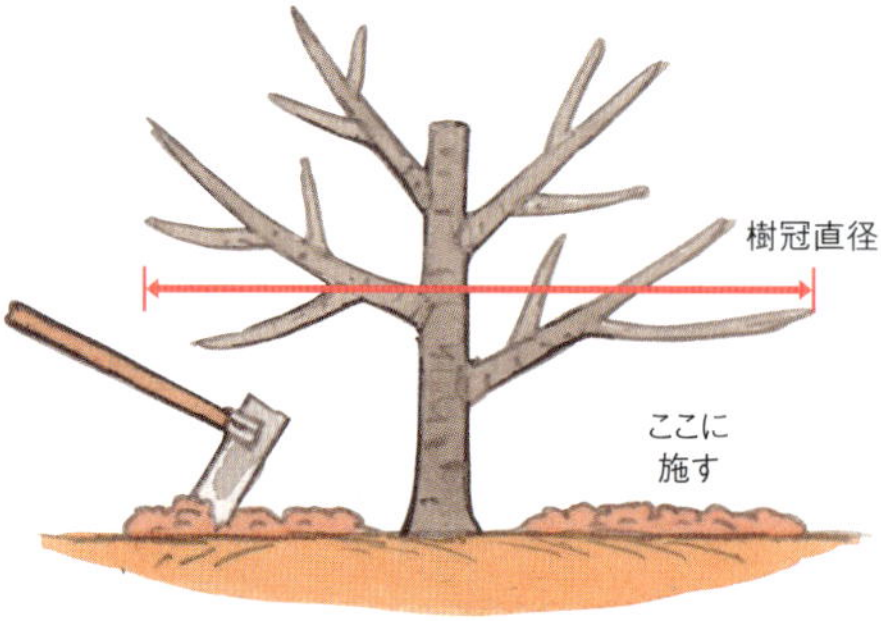

根は樹冠の地下部を中心に広がっているので、樹冠直径は施肥量を把握するうえで目安となる。

鉢植えは鉢土の表面に均一に施す。庭植えと異なり、鉢土を耕す必要はない。

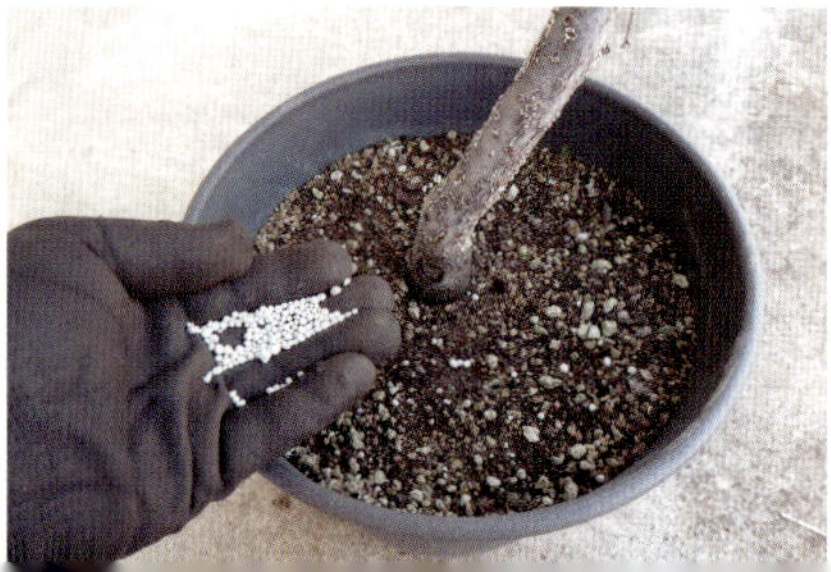

施肥量の目安

施肥量は下表を目安にしてください。育てている木の大きさを把握するには、庭植えでは木の広がる範囲（樹冠）の直径（m）を参考にします。鉢植えは、底などに記載されている鉢の号数を参考にします。号数が不明の場合は、鉢の最上部の直径（cm）を測って3で割った値が号数となります。

肥料の必要量は土の種類や気候、水やりの頻度などによって大きく異なるので、下表はあくまで目安とします。実際には自身で枝の伸び具合や葉の色などを観察して、育てている木に合った量を見極めましょう。必要量より少ないと、枝の伸びが悪く、葉の色が薄くなる傾向にあります。逆に多いと徒長枝ばかりが発生するほか、あまりに多すぎると根が傷み、水やりが十分でも枝葉がしおれることもあります（肥料やけ）。

毎年のようにヤニ果（60ページ参照）が発生する場合は、2月にホウ砂を庭植えなら1㎡当たり3g、鉢植え（10号）なら1g程度施すとよいでしょう。

施肥量の目安

施肥時期	肥料の種類	庭植え 樹冠の直径 1m未満	2m	4m	鉢植え 鉢の号数※1 8号	10号	15号
11月（冬肥・元肥）	油かす※2	150g	600g	2400g	30g	45g	90g
4月（春肥・追肥）	化成肥料※3	45g	180g	720g	10g	15g	30g
6月（夏肥・礼肥）	化成肥料※3	30g	120g	480g	8g	12g	24g

※1：鉢の号数＝鉢の直径（cm）÷3。　例）直径30cmの鉢なら10号鉢
※2：油かすはN-P-K＝5-6-2などで魚粉などが混ぜられているとよい。粉末・固形を問わない
※3：化成肥料はN-P-K＝8-8-8など
注意：肥料の重さを量る必要はなく、ひと握り30g、ひとつまみ3gを目安にする

水やり・置き場

水やり

ウメは他の果樹に比べて根が浅くて乾燥に弱く、水不足になると葉が裏返り、ひどいと落葉します（右下写真）。加えて根が酸素を好み、土の水分が多すぎる場合にも障害が発生するので、適度な水分状態を維持することが重要です。

庭植え

庭植えは鉢植えとは異なり、根が広がる範囲が広いので、基本的には水やりは不要です。ただし7〜9月は気温が高いので、2週間ほど雨が降らなければ、たっぷりと水やりしましょう。1㎡当たり20ℓが目安です。

鉢植え

根の広がる範囲が狭いので、頻繁に水やりする必要があります。鉢土の表面が乾いたらたっぷりとやるのが基本です。春や秋（3〜6月、10〜11月）は2〜3日に1回、夏（7〜9月）は毎日、冬（12〜2月）は5〜7日に1回が目安となります。

置き場（鉢植え）

基本的には光を好み、日光がたくさん当たるほど生育がよくなります。また、黒星病（56ページ参照）などの病気は、枝葉や果実が雨に当たると多発します。そのため、日当たりがよくて、雨が当たらない軒下が置き場としてはベストです。結実期の4〜6月だけでも軒下に置くとよいでしょう。

冬はマイナス15℃程度まで耐えるので、落葉後は極端な寒冷地を除き、屋外に置きます。極端な寒冷地でも、つねに7℃以上を保った室内などに取り込むと休眠できなくなり、翌春に開花しなくなること（眠り症）があるので注意が必要です。

水不足になると葉が裏返る。

第2章

味わう

ウメは梅干しや梅酒、梅ジャムなどに加工することではじめて食べることができますが、これらの作業は奥が深く、失敗する恐れもあります。本章では、梅仕事歴60年以上の大ベテラン、藤巻あつこさんが研究を重ねて考案した秘伝のレシピや作業のコツをまとめました。

※植物について説明する場合は、梅はカタカナ表記、種は種子もしくはタネと表記するのが一般的です。しかし、本章では、加工法や調理法を説明するのが目的のため、それぞれ「梅」、「種」と表記します。

梅仕事カレンダー

梅が出回る時期は、案外短いものです。

未熟な青い小梅、熟した小梅、次に大きめの青梅……と、次々にとれはじめ、あっという間に旬をすぎてしまいます。

梅はふつうの梅干しだけでなく、カリカリ漬けや梅シロップ、梅酒と、楽しみ方が多いのも魅力です。

時期を逃さないためにも、梅仕事の予定を立てましょう。

5月中旬〜

小梅のカリカリ漬け

まだ青く未熟な小梅の出回りが、梅のシーズンの始まりを告げます。カリッとした食感を生かして漬けましょう。（72ページ）

小梅干し

小さくても、しっかりおいしい梅干しが作れます。漬かりやすく、早く食べられるのも嬉しいものです。（74ページ）

6月上旬〜

梅酒

夏を前に、青梅を使ったドリンク作り。青梅と氷砂糖、焼酎だけで作るシンプルな梅酒は、爽やかな味わいです。（76ページ）

梅シロップ

子どもやお酒が苦手な人には、シロップ作りがおすすめです。好みに合わせて割って飲むことができます。（77ページ）

青梅ジャム

青梅のフレッシュな味わいが楽しめる、見た目も鮮やかなジャムです。長期保存ができるのも魅力。（78ページ）

梅肉エキス

2kgの青梅からたった100g弱しか作れない希少なエキス。梅肉の有効成分たっぷりの民間薬です。（79ページ）

梅干しカレンダー

梅干し作りは、作業工程が少し複雑です。梅を購入する前に、このページを参考に段取りをつかんでおくとスムーズです。梅干し作りの詳細は、80～85ページを参考にしてください。

6月中旬～

1 塩漬け

梅の果実が熟しはじめたら、まずはこの作業。この頃までに道具を揃えておくことも忘れずに。（80ページ）

7月上旬～

2 赤じそ漬け

赤梅干しを漬けるなら欠かせないのが、赤じそ。出回る時期がとても短いので、注意しましょう。（82ページ）

7月中旬～

3 土用干し

太陽の日差しと夜露を当てることで、梅は日ごとに品質を高めていきます。雨が多い時期でもあるので、天気予報のチェックを忘れずに。（84ページ）

土用干しまでに必要な漬け込み期間

〈白梅干し〉

約1か月以上

塩漬けをした後、ほこりなどが入らないようにきちんとふたをして1か月以上は寝かせた後に土用干しを行います。

〈赤梅干し〉

約2週間以上

白梅干しと同様にふたをして保存します。赤梅干しは、白梅干しよりも少し早めに。2週間以上寝かせれば、土用干しをすることができます。

＊カレンダーは、あくまでも目安です。その年の気候や地域などによっても異なります。材料の出回り時期や保存期間は年によって違ってきますので、そのときの状態をみて判断してください。

＊分量はすべて作りやすい量です。

地方に根づいたブランド品種

実梅だけでも１００種類以上もあるといわれ、品種によって適した梅仕事の種類もさまざまです。また、日本各地でその土地の気候や風土に合った地方品種が栽培されてブランド化しつつあります。地産地消の観点で梅の品種選びをするのも楽しいものです。

梅仕事は、季節の流れにそって行うものですが、梅の果実の出回り時期もその年によって異なります。タイミングを逃さずに、近くの産地でとれる新鮮な梅の果実を、熟度や大きさなどに応じてそれぞれ使い分けましょう。

栽培する際の品種の選び方は15～19ページも参照してください。

地方で生産が盛んな梅の品種と、適した用途

東北、北陸

品種	用途
高田梅	梅酒、梅シロップ
稲積	梅干し
藤五郎	梅酒、梅シロップ
剣先	梅干し

関西

品種	用途
南高	梅干し、梅酒
古城	梅酒、梅シロップ
露茜	梅酒、梅シロップ

九州

品種	用途
豊後	梅酒、梅シロップ

関東

品種	用途
白加賀	梅酒、梅シロップ
竜峡小梅	小梅のカリカリ漬け
玉英	梅酒、梅シロップ
養老	梅干し

四国

品種	用途
鶯宿	梅干し
月世界	梅酒、梅シロップ

梅干しに適した果実の状態

梅酒や梅シロップを作るには青梅を使用しますが、梅干し作りには黄熟した梅を使います。未熟や半熟、または、熟しすぎて果肉がやわらかい梅の果実は適しません。まだ黄熟していない場合は、カビ防止のためにざるに上げ、風通しをよくして黄熟させましょう。

自分で栽培している場合は、黄熟してから収穫します。

未熟▶ 約2〜3日、このままおいて黄熟させる

半熟▶ 約1日、このままおいて黄熟させる

黄熟▶ 適熟のほどよい状態。この色合いが目安

黄熟果を使うのが基本

梅干し作りには黄熟した果実を使うのが基本です。どうしても未熟な青梅を使う場合は、水に約6時間つけてアク抜きをし、重石を通常よりも重くして梅酢が上がりやすくする必要があります。

	未熟	半熟	黄熟
熟度	全体に青みがかかっている	部分的に青みがある	全体が黄色い
アク抜き	約6時間水につける	約3時間水につける	必要なし
重石	梅の2倍の重さ	梅の1.5倍の重さ	梅と同じ重さ

梅仕事の下準備

青梅の時期になると、梅酒用のガラス瓶などの梅仕事の道具が、店頭に並びはじめます。

ここでは、梅干し作りに使う道具を中心に、用意しておくべきものを紹介します。

中ぶた

プラスチック製のものが最適です。丈夫な平皿でもよいのですが、色や模様がついたものははがれる可能性があるため、白無地のものを使いましょう。木製はカビが生えやすいので不向きです。容器の内径よりほんのひと回り小さいサイズが適当です。中ぶたが小さすぎると、すき間から梅や赤じそがはみ出て浮き上がり、梅酢に触れていない部分からカビが発生しやすくなるので要注意です。

漬け物容器

ほうろう容器や、漬け物用のプラスチック容器がおすすめです。ほうろうは、梅の酸や塩分に強く、ずんどうで広口のため使い勝手がよいのが特徴です。ただし、傷がついたほうろう容器はさびやすいため、使わないようにします。漬け物用のプラスチック容器は、軽くて扱いやすく、サイズも豊富なので便利です。

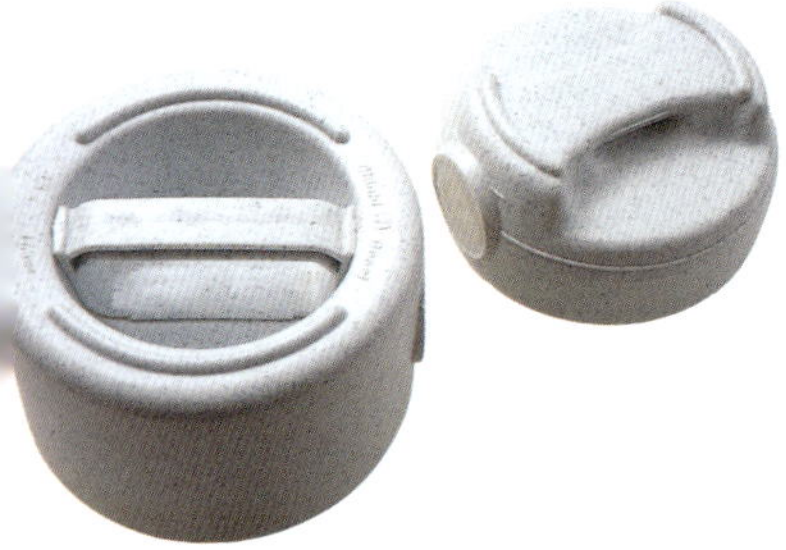

重石

表面がポリエチレンの陶製の重石がおすすめ。取っ手付きのものや重さの表示があって使いやすいものもあります。小石を入れたネットやポリ袋、または水を入れたペットボトルを使うのも、重量の調整がしやすく便利です。

ざる

土用干しには竹製のものを使うと梅がはりつかず通気性もよいので、仕上がりがきれいになります。時期になると、梅干し専用の「えびら」と呼ばれるざるも出回ります。

道具の消毒方法

カビ防止のために、
使用する道具は必ずすべて消毒してください。
大鍋で煮沸消毒をするか、または大きくて
鍋に入らない漬け物容器やガラス瓶は、
ここで紹介する方法で熱湯消毒をします。

大きいガラス瓶の場合

ガラス製の瓶は、急に熱湯をかけると割れるため、まずはぬるめのお湯を瓶の口まで入れて（写真右）、瓶を温めてから湯を捨てます。次にぬるま湯よりやや高温の湯で温め、少しずつ高温の湯に入れ替えていきます。最後に、たっぷりの熱湯を瓶の内側全体に回しかけます（写真左）。熱湯を捨て、清潔なふきんに伏せて完全に乾かします。梅酒やシロップ作りに使う場合も同様です。

※煮沸消毒の場合も、必ず最後は自然乾燥させます。

漬け物容器の場合

ほうろう容器、プラスチック容器とも、容器の内側全体にたっぷりの熱湯を回しかけます。やけどをしないように注意しながら熱湯を捨て、清潔なふきんに伏せて自然乾燥させましょう。

塩

梅干し用の塩は、精製塩ではなく必ず粗塩を使いましょう。粒子が粗くしっとりとしてるため梅にからみやすく、早く梅酢が上がるのでカビも生えにくくなります。また、海水を煮詰めて作るので、天然のミネラルが梅干しの味をまろやかにし、うまみも増します。

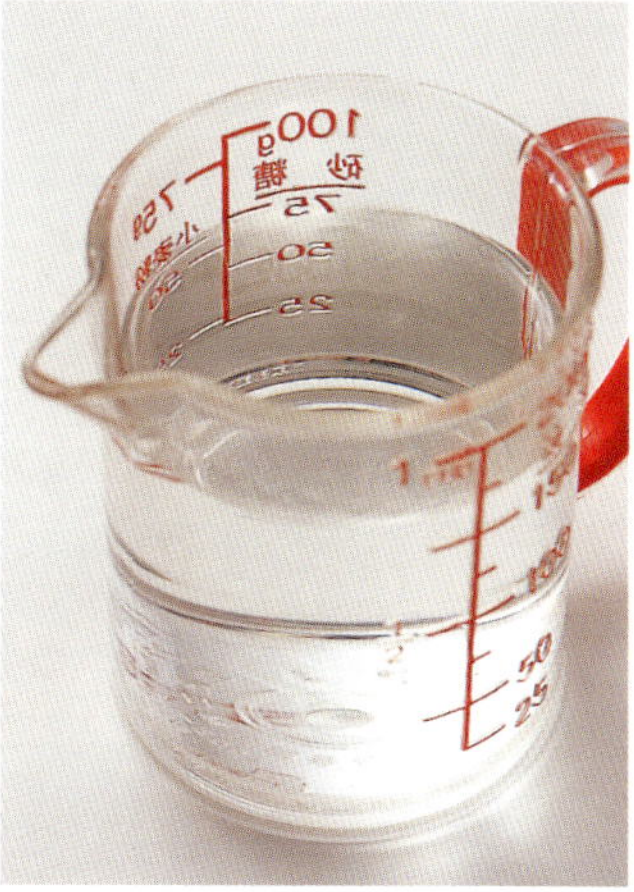

焼酎

焼酎には、容器などを消毒することと、殺菌を兼ねて梅を湿らせて塩のなじみをよくすることの2つの役割があります。焼酎は、蒸留の方法によって甲類（ほぼ無味無臭になるまで蒸留したもの）と、乙類（本格焼酎）に分かれますが、梅干しにはアルコール度数35度の甲類焼酎が最適です。飲用と果実酒用（ホワイトリカー）、どちらでも作ることができます。

5月中旬頃

小梅を使って1

ぱりっとした歯ごたえが特徴のカリカリ漬け。小梅品種の青梅を使うことと、土用干しをしないのが普通の梅干しと大きく異なる点です。

小梅のカリカリ漬け

歯ごたえが絶品!

材料
小梅の青梅…２kg
粗塩…２００g(梅の10%の重量)
焼酎(35度)…50mℓ

漬け込み期間:１週間
保存:冷蔵庫で１年間

道具
ほうろう容器
竹串
紙ぶた(新聞紙または和紙)
ひも、ペン
ガラス製の瓶(ふた付き)

1 小梅は流水で洗って、たっぷりの水に約2時間漬けてアク抜きする。ざるに上げて水けをきり、へた*を取ってふきんで水けをふき取る。

2 大きめのボウルに梅を入れて焼酎をからめ、塩全量を加える。約3分、小梅が鮮やかな緑色になるまで、強く押しつけるようにしてもみ込む。こうすることで種離れがよくなり、カリカリに仕上がる。

3 熱湯消毒したほうろう容器に小梅を入れ、ボウルに残った塩も全部入れる。

*へたとは本来、萼《がく》のことを指す用語ですが、本書では便宜上、ホシ(軸)のことをへたと表記しています。

赤じそ入りにする場合

赤じそが出回りはじめたら、保存している小梅のカリカリ漬けを赤く色づけしてみてもよいでしょう。

1 82 ～ 83 ページの手順で仕込んだ赤じそを、清潔な箸で瓶の中に散らし入れる。

2 冷蔵庫に保存する。ときどき瓶を揺すって全体をなじませる。

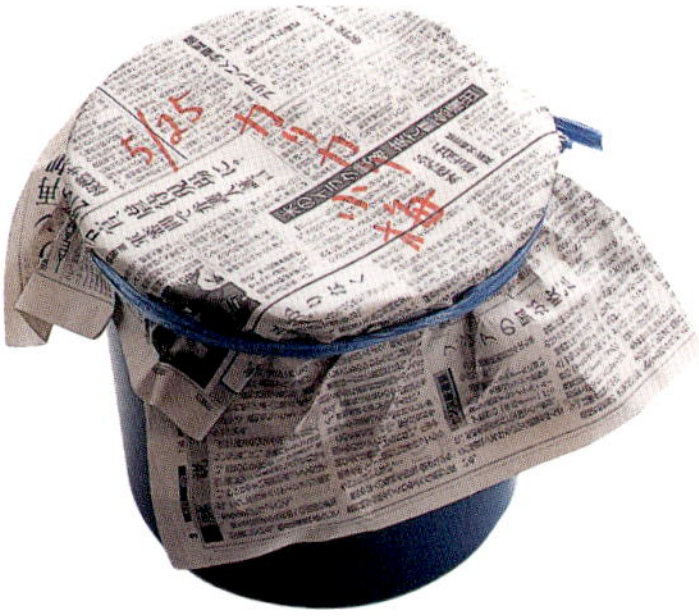

4 小梅の形をくずさないために重石はかけず、紙ぶたをして冷暗所に。紙ぶたに日付けなどを書き込んでおくとよい。

5 早く梅酢を上げるため、翌日から 1 日に 2 ～ 3 回容器を揺すって上下を返す。1 週間後、容器を傾けてみて、梅酢（81 ページ）が出ていれば漬けあがり。土用干しはしない。

6 梅酢は別に保存し、梅は清潔なガラス製の瓶に入れて、冷蔵庫で保存する。

6月上～下旬

小梅を使って2

小梅を梅干しにする場合は、普通～大ぶりの果実を梅干しにする場合と作り方が少し異なります。特に小梅は梅酢の上がりが少ないので、マメに様子をみることが重要です。

小梅干し

小ぶりでもしっかりおいしい

材料

黄熟した小梅…2kg
粗塩…260g（梅の13％の重量）
焼酎（35度）…50mℓ

漬け込み用の道具

ほうろう容器、中ぶた、重石2.5kg、ざる

1 小梅は水洗いし、たっぷりの水に2時間ほど漬ける。水に漬けるとアクが抜け、種離れもよくなる。清潔なふきんで水けをふき取る。

2 80～81ページの「塩漬け」の1～3と同じ手順で、塩と焼酎をからめた小梅をほうろう容器に漬け込む。

3 中ぶたと重石をのせ、紙ぶた（73ページ）をして冷暗所に置き、梅酢が上がるまでは毎日、1回ふたを取ってカビが生えていないか確認する（81ページ「塩漬け」の4～5参照）。それ以降は2～3日に1回は確認する。

赤じそ小梅干し

小梅漬けに赤じそを加えて干せば真っ赤な小梅干しに。果実が小さいので、土用干しが短く済みます。

材料
塩分10％の小梅漬け…2kg分
赤じそ…400g（梅の重量の20％）
粗塩…80g（赤じその重量の20％）

保存：長いほどよい

1 塩分10％で漬けた小梅漬けのふたを開け、81〜83ページの手順で発色させた赤じそをほぐしてのせていく。容器を静かに揺すって梅酢を全体に行き渡らせるのがポイント。

2 中ぶた、重石、容器のふたをし、その色と味がなじむまで冷暗所に置く。

3 梅雨が明けたら、土用干しをして完成。

4 約3日間、土用干しをする。1日目の夕方は梅酢に戻し、3日目には取り込んで、熱湯消毒をした瓶に移して保存する。
※近年は日差しも強く、天候不順も多いので、土用干しの期間は、3日にこだわらず調整する。

土用干し

土用干しの手順は小梅干しもふつうのサイズの梅干しも変わりません。84〜85ページを参照してください。

6月上~中旬

青梅を使って1

小梅の次は、普通~大ぶりの青梅仕事のシーズンです。青梅の代表ともいえる、梅酒と梅シロップ作りを楽しみましょう。香り高く、さっぱりとした飲み口は、まさに梅からの贈り物です。

梅酒 甘くて芳醇な香り

材料
青梅…1~1.5kg
氷砂糖…400~600g
焼酎（35度）…1.8ℓ
※コクをつけたいときは青梅を1.5kgに、甘みをきかせたいときは氷砂糖を600gに

漬け込み期間：3か月

道具
竹串
ガラス製の瓶（ふた付き）

1 梅は青くてかたく傷のないものを選ぶ。流水で洗い、ざるに上げて水けをきる。なり口についているへたを竹串で取り除き、清潔なふきんで水けをよくふく。

2 熱湯消毒した保存瓶に梅、氷砂糖、焼酎の順に入れ、ふたを閉める。

3 漬け込んだ年月日や必要事項を記したラベルを貼り、冷暗所に3か月以上置く。ときどき瓶を揺すり、溶けた砂糖を全体に混ぜる。
※梅は、1年以上たってから取り出すとよい。好みによるが、取り出さないで長く入れておくほうが梅の香りや味わいが増す。

梅シロップ

梅のエキスがたっぷりの、健康シロップです。青梅と同量の砂糖を4回に分けて入れます

材料
青梅…1kg
砂糖…1kg
漬け込み期間：10日
保存：冷蔵庫で1年

1 青梅は洗って竹串でへたを取り、水けをふく。熱湯消毒した瓶に青梅全量と砂糖の1/4量(250g)を交互に入れる。残りの砂糖750gは3等分し、ポリ袋に入れ、漬け込み日より3日、5日、6日後の日付を記したラベルを貼る。

2 翌日から毎日2回、清潔な手でかき混ぜて瓶の底にたまっている砂糖を溶かす。1で小分けにした砂糖を、ラベルの日付どおりに加え、そのつど手でかき混ぜる。

3 漬け込み10日後には梅のエキスのほとんどが抽出され、砂糖も十分溶けた状態になる。梅は取り出して冷蔵保存し、ジャムなどに使ってもよい。

❶

❷

4 ペーパータオルを敷いた万能こし器で、鍋にシロップをこし入れる(❶)。液の表面が静かに動く程度の火加減で15分、火を通して殺菌する(❷)。この工程によって発酵を止め、アルコールや酸の生成を防ぐことができる。

5 粗熱がとれたら消毒済みの瓶に移し、冷めたら冷蔵庫(または冷暗所)で保存する。飲むときは5倍程度に薄める。
※砂糖を一度に入れて漬け込むとアルコール化しやすいため、注意。

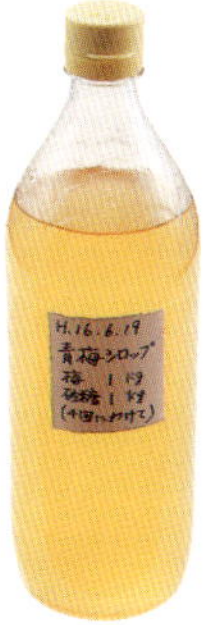

梅シロップのドリンク

梅シロップを使った、材料を混ぜるだけのドリンクレシピです。

●**ソーダ割り（1人分）**
梅シロップ…大さじ1、炭酸水…100mℓ
●**サワー割り（1人分）**
梅シロップ・酢…各大さじ1、水…100mℓ

6月上〜中旬

青梅を使って2

青梅の時期に作っておきたい人気の青梅ジャム。そしてもう1つは、少し難易度は高めですが民間薬で知られる梅肉エキスです。これが手作りできれば、青梅活用の上級者です。

青梅ジャム

鮮やかなグリーンが手土産にぴったり

材料
青梅…1kg
砂糖…梅肉の重量の70〜80%

保存：冷暗所で1年

1 青梅は水洗いし、竹串でへたを除く。ほうろう鍋、またはほうろうのボウルに梅とたっぷりの水を入れ、弱めの中火にかける。手で混ぜながらゆで、手が熱くなったら水を取り替える。これを2〜3回繰り返し、竹串がスッと通るまでゆでる。

2 清潔なふきんの上にのせて水けを取る。

3 スプーンを使って種についている果肉をきれいにかき落とす。包丁で叩いて細かく刻み、これを量って正味とし、砂糖を用意する。なめらかに仕上げたい場合は、裏ごしする。

4 鍋に3の梅と砂糖の1/4量を入れ、よく混ぜ合わせてから弱めの中火にかける。木べらで鍋底をこするように混ぜながら、最初に8分煮る。次に、残りの砂糖を3回に分けて加える。焦げやすいので木べらでたえず混ぜながら、それぞれ5分ずつ火を通す。

5 熱いうちに煮沸消毒した小さな瓶に小分けにする(❶)。瓶は写真のようにぬらして絞ったふきんをぎゅっと巻きつけてつかむとジャムが移しやすく、やけどの心配もない。瓶の口は二重にしたラップで覆って密閉し(❷)、きっちりふたをして保存する。

❶

❷

梅肉エキス

2kgの青梅からわずか100g弱しかとれない希少なエキスです。殺菌作用があるとされ、食あたりや下痢、風邪など、昔から重宝され、民間療法に使われてきました。

材料
青梅…2kg

保存：常温で1年以上

1 青梅は水洗いしてへたを取り、水けをふく。種離れをよくするために、梅と塩少々（分量外）を入れ、転がす。6～8つ割りになるように包丁目を入れ、果肉を1切れずつ種からはずす。

2 ジューサーなどにかけ、汁を十分に搾りきる。搾りかすはときどき除き、搾り汁はほうろう鍋に移す。
※ジューサーは使い終わったらすぐ水洗いする。

3 搾り汁をごく弱火にかけ、アクが出たら丁寧に除き（❶）、ときどき木べらで混ぜながらじっくり煮詰める（❷）。搾り汁の量が減るにつれ、色が濃くなっていく。

4 煮詰まってきたら、たえず鍋底をこするように混ぜながら火を通す。黒くとろみがつき、木べらで鍋底に筋が引けるようになったら完成。冷めるとかたくなるので、少し緩めくらいで火を止めるのがコツ。

5 粗熱をとり、清潔な小瓶に移してふたをし、常温で保存する。長年おいても腐りにくい。

6月中旬頃

梅干し作り1

完熟梅の定番仕事は、やはり梅干し。梅干しの下ごしらえは、塩漬けすることからはじまります。まずは、梅の重量と塩分の配合を確認しましょう。

塩漬け

塩分濃度18%なら失敗なし

材料

黄熟した梅…5kg
粗塩（梅の重量の18%）…900g
焼酎（35度）…150mℓ

道具

漬け物容器（内径27cm・容量15ℓ）
中ぶた（直径25cm）
重石（5.5kgと2.5kg）
ボウル、ざる、竹串、ふきん
紙ぶた（新聞紙または和紙）
ひも、ペン

※梅4kg以下で作る場合

梅4kg▼粗塩720g・焼酎70mℓ
梅3kg▼粗塩540g・焼酎50mℓ
梅2kg▼粗塩360g・焼酎50mℓ
梅1kg▼粗塩180g・焼酎40mℓ

1 梅は流水で洗い、ざるにあけて水けをふく。焼酎を漬け物容器に入れて全体に行き渡らせて消毒したら、ボウルにあける。塩ひとつかみを容器の底に平らになるようにふり入れる。

2 焼酎の入ったボウルに梅を適量ずつ入れ、手で軽く転がして梅全体に焼酎をからめる。こうすることで梅が殺菌され、塩もなじみやすくなって梅酢が早く上がる。

3 2の梅を容器の底にひと並べし、1より少し多めの塩をふる。同様に2の梅と塩を交互に繰り返し漬け込んでいく。塩は上にいくほど多くし、最後は残った塩を全部ふる。

追い漬けをする場合

入手した梅の熟度が不均一な場合、一度に漬け込まず、熟した梅から順に漬けていく（追い漬け）と、仕上がりが均一になります。

黄熟した順に、表面が湿る程度の焼酎をからめながら容器の中に並べ、加えた梅の18%の重量の塩で漬け込む。

※黄熟したかどうかは、用意した梅と上の写真を見比べて判断してください。

4 中ぶたをのせたら、梅とほぼ同じ重さの重石をのせる。

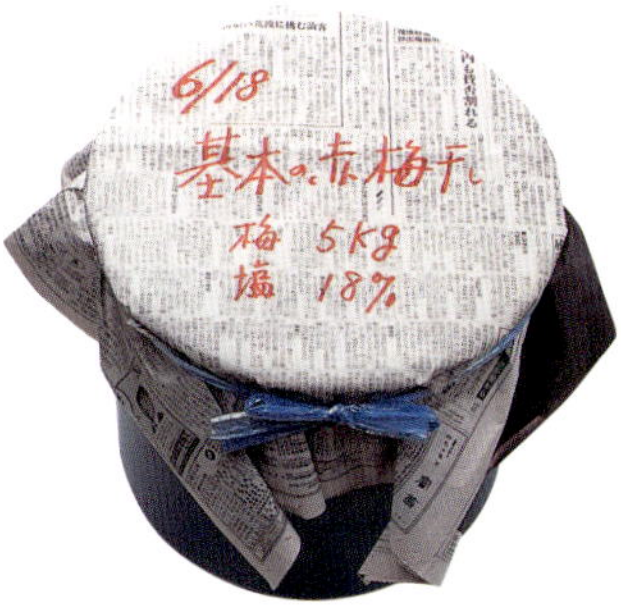

5 新聞紙2枚を重ねて紙ぶたとし、容器の口をすっぽり覆ってひもでしっかり結ぶ。紙ぶたに塩漬けした日や塩分量などを明記し、冷暗所で保存。梅酢が上がるまでは、1日1回紙ぶたを取ってカビがないか確認する。

6 4～5日後には梅酢（梅から出る液体。白梅酢ともいう）がたっぷり上がっているので、梅がつぶれないように重石を半分に減らし、再び紙ぶたをして冷暗所で保存する。

※白梅干しにする場合→84ページの工程へ
※赤梅干しにする場合→82ページの工程へ

7月上旬頃

梅干し作り2

塩漬けした梅を着色する場合には赤じそを使います。葉先がちぢれている「ちりめんじそ」を用意しましょう。

赤じそ漬け

ちりめんじそのよい葉だけを使う

材料

塩漬けした梅…5kg分
赤じそ…梅の重量の20%（正味1kg／7〜10束）
※赤じそ1束から上質の葉は100〜150gとれる
粗塩…赤じその重量の20%（200g）
塩漬けによって上がった白梅酢…400mℓ

道具

ボウル、ざる
洗濯ネット（または、木綿の袋）
漬け物用ポリ袋

1 大きくて両面が紫紅色な葉だけを選び、鮮度が落ちないうちに作業する。たっぷりの水で、何度か水を替えてよく洗い（❶）、ざるに上げる。水けが残っているとカビの原因になるため、清潔な洗濯ネットなどに入れて（❷）大きく何度もふる。

2 1回目のアク抜きをする。ポリ袋に1と塩の半量を入れる。空気を入れて袋の口を持ち（❸）、大きく揺すって塩を全体にゆきわたらせ、赤じそとなじませる。塩がある程度なじんだら空気を抜く（❹）。袋の上からもみ、かさを減らしたらボウルに移す。

3 押すようにしてもむとさらにかさが減る（❺）。やがて濁った紫色のアクが出てくるので、絞りやすい量を手に取り、両手でアクをきつく絞り（❻）、アク汁は捨てる。

4 2回目のアク抜きをする。きつく絞った赤じそを破らないように軽くほぐし、残りの塩の半量をふり、全体にまぶす。

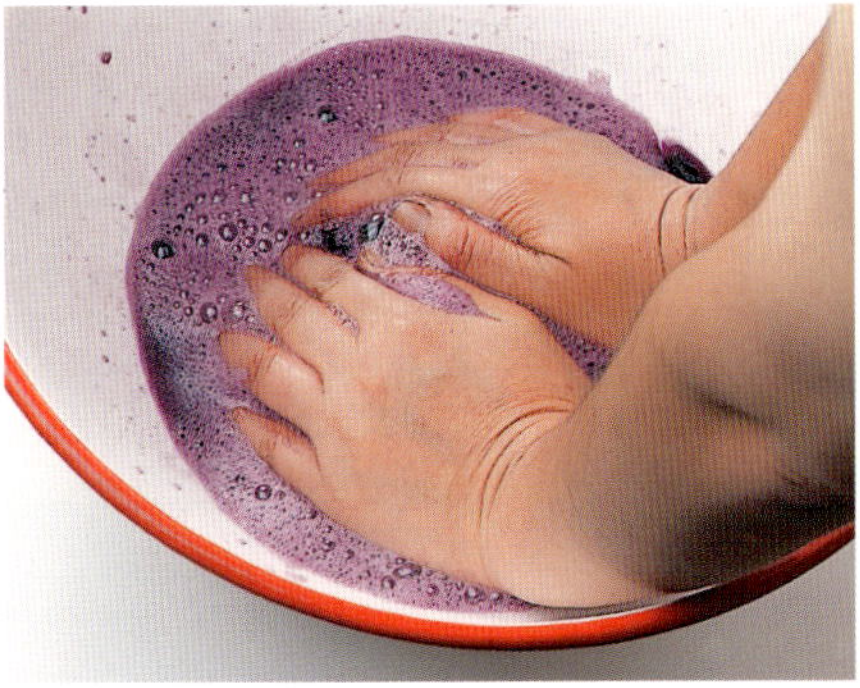

5 押すようにもむと、またアク汁が出てくる。両手でアク汁をきつく絞る。アク汁は3は同様に捨てる。4～5は2回繰り返す。

6 アク抜きした赤じそを軽くほぐし、ボウルに入れたら塩漬けのときに出た白梅酢を加える(❼)。赤じそと白梅酢をなじませると、白梅酢が赤く染まる(❽)。

7 梅の塩漬け（80ページ）の重石と中ぶたを取り、発色した赤じそを、梅の上に平らにのせる。ボウルに残った梅酢も加える。

8 中ぶたと重石をのせ、梅酢が中ぶたより2㎝以上上がっていることを確認し、はみ出している赤じそを箸で押し込んでおく。

9 容器の内側面を、焼酎を含ませたふきんでふき、紙ぶたをする。土用干しまで冷暗所に保存する。

7月中旬～8月上旬頃

梅干し作り3

梅雨が明けたら、いよいよ土用干しのシーズン！ 塩漬けした梅を夏の日差しに当てる時期の到来です。太陽の恵みと夜露に当てることで梅はさらにおいしくなります。

土用干し

晴天が続いたら「三日三晩の土用干し」

道具

えびら（梅干し専用のざる）または盆ざる
台（ブロックや段ボール箱など）
ボウル
保存瓶各種
ラベル、ペン

1 晴天が4日間続く日を見極めて土用干しを開始。ざるは通気性をよくするため、2つの台の上にのせる。塩漬け（80～83ページ）の梅だけ取り出し、ざるに間隔をあけて並べ、干す。赤じそ漬けの場合は、赤じそは汁を絞って取り出して保存瓶などに入れる。

白梅干し

赤梅干し

2 梅酢も容器ごと日光に当てて殺菌する。梅は日差しと地面からの熱を吸収して、少しずつ果肉がやわらかくなる。日中、一度裏返す。白梅干しも同様に作業する（写真）。

3 午後3～4時頃、まだ梅酢が温かいうちに梅を容器に戻してひと晩おく。梅酢に戻すことで皮がさらにしっとりとやわらかくなる。

土用干し1日目は皮がざるにくっつきやすいので、早めに裏返す。

土用干しをする目的

☆太陽の熱で殺菌する
☆余分な水分を蒸発させて保存性や品質を高める
☆日差しと夜露を当てて皮や果肉をやわらかくする
☆色を濃く、鮮やかにする
☆風味豊かでまろやかな味にする

4 ひと晩梅酢に漬けた梅を、再び干す。容器の梅酢は清潔な瓶にこして入れ、保存する。梅は日中に一度、裏返す。夜はざるのまま屋内に取り込むか、雨よけにポリ袋をかける。

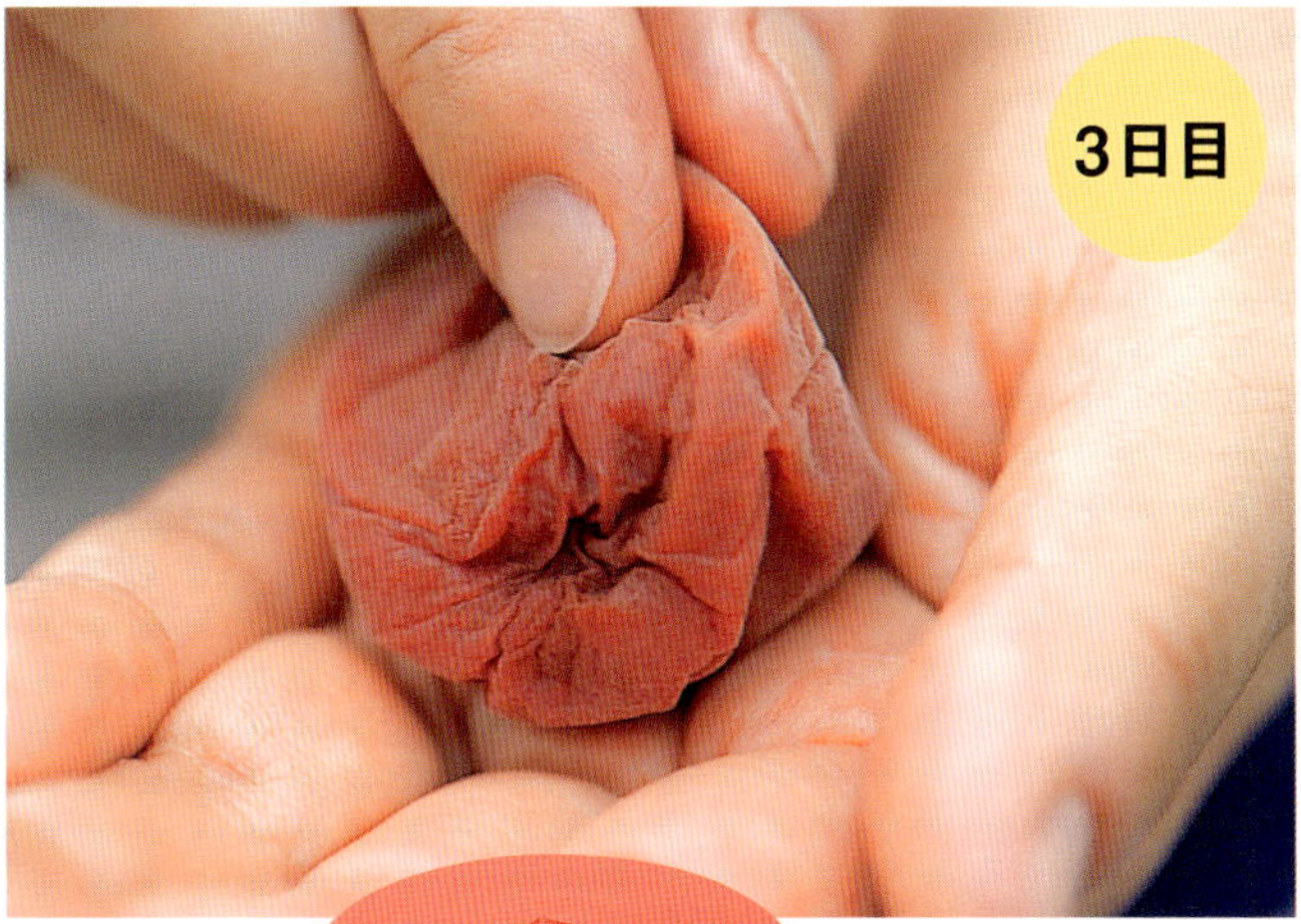

5 日中、一度裏返し、夕方に干し加減を確認する。果肉が皮から離れ、軽くつまむと皮同士が簡単にくっつくようになったら、そのまま夜露に当てる。こうすることで、皮も果肉もやわらかさが増す。翌朝、干しあがった梅干しは、梅酢に戻さず清潔な瓶に入れて保存する。

6 消毒した保存瓶に移し、必要事項を記したラベルを貼ったら完成。

土用干しの長さ

土用干しの日数はあくまで目安です。日差しが強く、乾きが早い場合には、2日目であってもそのまま夜露に当てて完成としてください。日数よりも、果肉を軽くつまんでわかる状態（上記作り方5参照）によって判断することが重要です

梅干し活用法

おいしく漬かった梅干しは、
そのまま食べるだけでなく、
便利な調味料や
保存食に加工することができます。

梅びしお

上品な酸味は、肉類の下味に効果抜群です。鶏肉のから揚げなどの下味や、オイルを足してドレッシングなど、多目的に使えます。

材料
梅干し…600g（約30個）
砂糖…梅肉の重量の50～60％

保存：冷蔵庫で1年

❸

❶

❷

1 梅干しは竹串で表面を15回ほどつついて穴をあけ（❶）、鍋に入れてたっぷりの水を加え、中火でゆでる。沸騰したらやや弱火にし、20分ゆでて（❷）ざるに上げる（❸）。鍋に新しい水を入れて再び梅干しを戻し入れ、中火でゆでる。沸騰したらやや弱火にし、10分ゆでてざるに上げ、水けをきる。

2 梅干しの粗熱がとれたら種を除く。ラップを敷いたまな板にのせ、ステンレス製の包丁で細かく叩く。この時点で梅肉の重さを量ってその50～60%の砂糖を用意する。

❺

❹

3 梅肉と砂糖を鍋に入れ、よく混ぜてから（❹）火にかける。中火より、やや弱火でたえず混ぜながら火を通す。とろみがつき、表面にしわができるようになったら（❺）完成。

※最後に梅酢大さじ3を加えると、より香りとコクがついて風味豊かに仕上がります。
※梅干しのゆで汁は、再利用可能です。昆布だしで好みの濃さに割ればお吸い物の吸い地に。モツ類のゆで汁などに使えば、臭み消しにもなります。

梅じょうゆ

風味が少ない減塩じょうゆに梅のコクをプラスします。刺し身のつけじょうゆや、魚や肉の下味に。

材料
減塩じょうゆ（塩分8％）
…300㎖
梅干し…小7個（85～100g弱）

保存：冷蔵庫で3か月
（漬け込み期間が長いほど風味が増す）

煮沸消毒した容器に梅干しを入れ、減塩じょうゆを注ぐ。ふたを閉めて、常温に3日間おき、梅の風味を移す。梅は取り出して別容器に移し、それぞれ冷蔵庫で保存する。
※取り出した梅干しは、塩分がしょうゆに抜けているため減塩梅干しとして食べられます。そのままご飯のおかずやお茶請けに。

梅肉ペースト

野菜の梅肉漬けや魚介類の梅肉和えも美味ですが臭みのある青魚や脂っこい素材にも好相性です。

材料
梅干し…適量

保存：常温で1年

1 梅干しの種を除く。種にくっついている果肉もスプーンでかき落とすようにしてきれいに取る。

2 ステンレスの包丁でペースト状になるまで細かく叩く。煮沸消毒した瓶に移して保存する。木のまな板を使う場合は、梅の色や匂いがつかないようにラップを敷くとよい。

梅干しの種の再生梅酢

梅肉を取って残った種も再利用できます。

材料
梅干しの種…25～30個
水…400㎖

❷

❶

1 小鍋に種と水を入れ、箸で水の深さを測り、印をつける（❶）。鍋を火にかけ、沸騰したら中火にして煮汁が加熱前の半量になるまで煮詰める（❷）。

2 ペーパータオルでこして、完成。清潔な容器に移し、常温で保存する。

赤じそ活用法

赤梅干しを漬けた後に残った赤じそや梅酢（赤梅酢）の便利な活用法を紹介します。

ゆかり

梅干しの色づけに使った赤じそは、ゆかりとしていただきます。カラカラになるまで天日干しをするだけで、自家製のゆかりに。

※ゆかりを作る赤じそは、氷砂糖やハチミツなどの甘みの入っていない赤じそに限ります。甘みの入ったものは乾きが悪いので、ゆかりには不向きです。

1 赤じその梅酢漬けの汁けを絞り、早く乾かすために、1枚ずつていねいにざるに広げる。 干す時間は、太陽の日差しが強い土用の期間中の午前10時から午後2時まで。

2 見た目にも水分が抜けている状態になったら干しあがり。日差しの強さにもよるが1～2日でカラカラに。

3 取り込んだらすぐ手でよくもんで細かくすれば、簡単ゆかりのできあがり。清潔な密閉瓶に移して湿気が入らないように保存する。

白梅干しを赤く染める

色づけに使った赤じそがあれば、白梅干しを赤く染めることができます。白梅干しを作ったけれど、やはり赤みがほしいと思ったらぜひ試してみてください。赤じその着色力に、きっと驚くはずです。

方法1

白梅干しを保存するときに赤じそを加える

保存瓶に赤じそと白梅干しを交互に詰める。ときどき瓶ごと揺すって全体になじませると、約2週間できれいな赤色に染まる。

方法2

白梅干しを赤じそで包む

広げた赤じそを2枚1組にして重ねる。白梅干しを中央におき(❶)、すっぽりと包む（❷）ことで、約2週間できれいな赤色に。赤じそごといただく。

❶

❷

梅仕事Q&A

梅仕事のよくある疑問とその回答をまとめました。とくに梅干し作りでは失敗例をよく耳にするので、そのときの対処法を知っておくとよいでしょう。

梅干しについて

Q 減塩の梅干しを漬けたのですが、カビが生えてしまいます。

A

塩の分量を減らすほど保存性が低くなり、カビが発生しやすくなります。失敗したくなければ、18%以上の塩分で漬けることをおすすめします。

塩分のとりすぎを気にされて減塩梅干しを作るよりも、通常の塩分量で梅干しを作り、食べる量を調整したほうがよいでしょう。

おすすめしたいのは、できあがった梅干しから種を取って梅肉として保存することです。そうすれば食べる分量を細かく調節できますし、調味料として使い回せて（86〜87ページ参照）便利です。

Q 4〜5日たっても梅酢が上がりません。どうしたらよいでしょうか？

A

大きく2つの要因が考えられます。

1つは、塩分量が足りない場合です。加えて、粗塩でなく精製塩を使うと塩が溶けにくいので、結果的に塩分量が足りなくなることもあります。

2つ目は、重石が軽すぎる場合です。梅の重さと同等か、未熟な梅であればその1.5〜2倍の重石をきちんとのせ、梅酢を早く上げるようにしましょう。また、中ぶたが容器のサイズに合っているか、重石が平均にかかるように平らになっているか、重石が中央にのっているか、なども再点検してください。

Q 梅酢が上がる前に新鮮な赤じそが出回ってきました。

A

よい赤じそ（ちりめんじそ）の葉が出回っていたら、梅酢が上がる前でも迷わず入手しておきましょう。市販の梅酢を使ってアク抜きをして保存しておきます。

Q 白いカビが生えてしまいました。手直しはできますか？

A 手持ちの白梅酢で対処できることが多いので、手直ししてみましょう。

《ウメの一部分にだけ生えるカビ》

①カビの生えた梅干しだけを取り出し、容器の内側の梅が接していた部分を、焼酎を含ませたふきんでふきあげます。

②取り出した梅を熱湯で洗ってみて、皮が破れたものは捨てます。皮が破れず、カビがきれいに落ちた梅は、ペーパータオルや清潔なふきんを敷いたざるに並べて半日干し、表面が乾いたら容器に戻します。

《白梅酢の表面にかたまりで浮くカビ》

白梅酢が澄んだ状態なら、スプーンでそっと取り除けば大丈夫です。

《白梅酢の表面に膜がはったように生えるカビ》

初期の小さくて薄い膜であれば、清潔なガーゼやティッシュでそっと取り除くことができます。

以上が、初期のカビの応急処置方法です。さらにカビが進んでしまった場合の対処法は、次の項目を参照してください。

Q さらにカビが進んでしまったらどうすればいいですか？

A まず、カビの膜をスプーンで取り除いてから、透明な容器に梅酢を少し取り出して観察してみましょう。このとき、梅酢が澄んでいるか濁っているかで対処法が変わってきます。

《梅酢が澄んでいる場合》手直しをすれば大丈夫

①カビが梅まで及ばないよう片手で中ぶたを押さえながら重石をはずし、中ぶたを押さえたまま容器を傾け、ボウルに梅酢を移す。

②①の梅酢はいったんこし、半量の焼酎を混ぜる。

③容器に残った梅はざるに上げ、容器、中ぶた、重石は熱湯消毒（71ページ参照）する。

④容器に梅を戻して②を加え、中ぶたと重石をのせ、紙ぶたをして保存する。

《梅酢が濁っている場合》適切な対処が必要

①濁った白梅酢は捨てる。

②梅はボウルに取り出して熱湯で洗い流し、皮が破れたものは捨てる。皮が破れなかったものはざるに広げて半日ほど干し、梅の表面を乾かす。

③容器、中ぶた、重石は熱湯消毒（71ページ参照）する。

④乾かした梅を容器に戻し、手持ちや購入した白梅酢を加える。白梅酢が足りないときは、梅1kgに対し、白梅酢3カップ、湯冷まし2カップ、焼酎100㎖の割合で漬け汁を作って加える。

⑤中ぶたと重石をのせ、紙ぶたをして保存する。

Q 土用干しの最中に梅に白いものが出てきました。カビでしょうか？

A 表面につく白いざらざらしたものは、カビではなく塩の結晶です。晴天時に干してカビが生えることはまずありませんので、ご安心ください。

この塩の結晶は、太陽の強い日差しに当たることで、梅の果肉中の塩分が表面に出てきて結晶化したもので、夜になると夜露によって溶かされます。太陽の恵みを受けているものと思うとよいでしょう。

Q 土用干しのタイミングが難しいです。3日続けて干さないとだめですか？

A 夏土用とは、7月20日頃から8月7日頃までの梅雨明け時期のことを指しますが、多少遅くなっても構わないので、晴れが続く日を待ちましょう。

9月頃までは十分日差しが強いので、土用干しが可能です。また、強い日照りであれば、干すのが2日で済んでしまうこともあるでしょう。どうしても干せなかった場合は、そのまま梅漬けとして保存します。

Q 雨にぬらしてしまったらどうしたらよいでしょうか？

A まず、天気が悪くなったらすぐに屋内に取り込むことを心がけましょう。夜露に当てるときは、ビニールをかけるなど、突然の雨への対策を施します。

万が一雨にぬれてしまったときは、すぐに流水で洗ってからざるに上げ、梅の表面が乾くまで1〜2時間干します。次に、抗菌作用のある白梅酢に通してざるに上げてから、再び晴天の下で干しあげます。

Q 曇っていても土用干しはできますか?

A 曇天に干すと、梅の仕上がりがよくありません。また、雨が降り出す可能性もあるので、室内に取り込み、新聞紙などでざるごと覆っておきましょう。
翌日からも曇天や雨が続くようでしたら、梅酢に戻して晴天になる日を待ち、地面が乾いたら外に出して干しあげます。ただし、梅酢に再び戻す分、多少塩分が強くなります。

Q 古い梅干しに白い塩のようなものがつきました。食べられますか?

A この塩のようなものは、食塩やクエン酸の成分が結晶化したもので、食べることができます。
気になる場合はぬるま湯で結晶を洗い落とし、ざるに上げて約1時間干します。次にこれを手持ちの白梅酢に通し、再度ざるに上げて半日ほど干すと元に戻ります。ただし、胞子がついたカビ状の物体であれば、食べるのは控えましょう。

Q 保存瓶の梅干しにカビが生えてしまいました。

A 土用干し後にカビが出るケースのほとんどは、保存瓶の消毒をきちんとしていなかったか、減塩で漬けた場合が多いようです。
対処法としては、まず、カビのついている梅干しは全部捨て、よい梅干しは手持ちの梅酢にくぐらせます。次に、煮沸消毒した小瓶に梅干しを移し、その後は冷蔵庫で保存するようにします。

Q 保存していた白梅酢が茶色に変色してしまいました。

A 変色しても品質は変わらないので使えます。また、常温で長年おいても腐りにくいです。
とはいえ、料理に利用するときには、透明できれいな色のものを使うにこしたことはありません。変色を防ぐには、梅酢を茶色や緑色などの色つきの瓶に入れ、冷蔵庫で保存することをおすすめします。特に、焼酎や酢などの空き瓶であれば、消毒の必要もなく、最適です。

Q 梅干しをもっと手軽に作れませんか？

A

一般的な梅干し作りに必要な道具を使わず、食品用ストックバッグを利用した、簡易的な梅干しづくりの方法を紹介します。

《密封袋漬けの作り方》

〈材料〉黄熟した梅…1kg
粗塩（梅の重量の18％）…180g、焼酎…40㎖
〈道具〉大きめの食品用ストックバッグ
①下ごしらえした梅に焼酎をまんべんなくからめ、塩と交互に密封袋に入れる。
②梅を平らにならし、空気を抜いて袋の口を閉じ、塩が平均にゆきわたるように軽く揺する。
③袋がふくらむ場合があるため、ふくらんだら口を開けて空気を抜く。
④土用干し（84～85ページ参照）をする。1日目は梅酢も日に当てること。

その他の梅仕事について

Q 梅シロップの漬け汁が発酵してしまいました。

A

発酵したままで放置しておくと、漬け汁がアルコール化してしまい、おいしいシロップに仕上がりません。また、カビが発生する恐れもあります。そのため、発酵の兆候である泡が出てきたら、すぐに正しい処置を行ってください。

《発酵した場合の処置》

①梅を瓶に残したまま、漬け汁だけ鍋にこし入れる。
②①の鍋を火にかけ、浮いてくるアクを丁寧に取り除きながら煮立てる。アクが出なくなったら、熱いうちにすぐ、瓶に戻す。

Q 梅酒や梅シロップに使った梅の利用法を教えてください。

A

梅酒の梅はそのままかじってもおいしいものですが、梅シロップの梅も同様に、ジャムにすることができます。

《梅酒の梅ジャムの作り方》

①梅酒の梅適量は、竹串でつついて穴をあけ、ひと晩水に漬ける。

②鍋に梅とたっぷりの水を入れて弱火にかけ、沸騰寸前にゆでこぼす。新しい水を加え、梅がやわらかくなるまでゆでる。

③水けをきって種を取り、包丁で細かく刻み、これを正味とする。

④鍋に③の梅と正味の60％の砂糖を入れて混ぜ、中火にかける。木べらでたえず混ぜながら、とろみがつくまで練る。

《梅シロップの梅ジャムの作り方》

①鍋に梅シロップの梅適量を入れ、ひたひたの水に加えて火にかける。煮立ったら弱火にしてふたをし、やわらかくなるまでゆでる。

②梅の種を除き、果肉をミキサーかフードプロセッサーにかけて砕き、これを正味とする。

③鍋に②と正味の50％の砂糖を加え、中火にかける。木べらでたえず混ぜながら、とろみがつくまで練る。

Q 梅肉エキスとつくった後の搾りかすを有効利用できますか？

A 梅肉エキス（79ページ参照）を作ったときにできる搾りかすを有効利用して、ジャムを作ることができます。仕上げに加える梅酒が、おいしさのポイントです。

〈材料〉

青梅の搾りかす…550g

砂糖（搾りかすの重量の80％）…440g

水…400mℓ

梅酒（好みの洋酒でも可）…50mℓ

〈作り方〉

①搾りかすはほうろう鍋に入れ、水を加えて中火よりやや弱火にかける。木べらなどでたえず混ぜながら煮る。

②①に火が通ったら、砂糖を2～3回に分けて加え、混ぜながら煮て梅酒を加える。

③熱いうちに煮沸消毒した小瓶に分けて入れ、瓶の口に二重にしたラップをかけてふたをする。常温でも保存できる。

Column

梅酢は、"台所の宝もの"

使い回すほどに便利さが実感できるのが、梅干しを作る際にできる梅酢です。生活のいろいろな場面で役立つ梅酢ですが、ここでは、調理に関する使い方をいくつか紹介します。

●素材の臭み抜きに

動物性の食材は、臭みがつきもの。梅酢を使えば、特有の臭みを消すことができます。梅酢は、臭み抜きに抜群の効果を発揮してくれます。特に、レバーと青魚の臭み抜きにおすすめです。

レバーの場合　下処理したレバーに梅酢をまぶし、5～10分おきます。浮いたアクを洗ってふいてから調理すると、臭みがとれるうえにパサパサとした舌ざわりもなくなり、しっとりと仕上がります。

青魚の場合　下処理した魚に梅酢をまぶして5～10分ほどおき、水けをふきます。臭みが抜けると同時に皮や身がしまり、後の調理がラクになります。また、焼き魚には塩をふるのが一般的ですが、梅酢をまぶしたものは塩を使う必要もなくなるので、より手軽です。

●生ものの鮮度維持に

その日のうちに料理をするつもりで買った肉や魚。思いがけずに、調理をするタイミングがなくなったということはよくあるものです。そのような場合も、食材に梅酢を手でこすりつけておくと、梅の有効成分により翌日まで鮮度を保つことができておいしくいただけます。

八重桜の梅酢漬け

八重桜の梅酢漬けにも、
白梅酢があったらぜひ挑戦を。
そのままお茶請けに、白湯に浮かべて
「桜茶」に……。

材料

八重桜の花（3～5分咲きのもの）…300g
粗塩　(花の重量の20%)…60g
白梅酢…200㎖（桜の花がひたひたになる程度）

作り方

❶桜の花は水洗いし、水けをきる。
❷大きめのボウルに❶と塩を入れ、両手でよく混ぜ合わせる。
❸簡易漬け物器に汁ごと移し、強く押しをかけ、冷蔵庫に入れて3～4日おく。ざるに上げて水けをきり、花の水けを絞る。
❹再び漬け物器に花を入れ、ひたひたになるまで白梅酢を加える。少し緩めに押しをかけ（写真右上)、冷蔵庫で保存する。使う際は、花の水けを軽く絞る。

効能と科学

第3章

健康維持によい結果をもたらすはたらきを「効能」といいますが、ウメがもつさまざまな効能が古くから言い伝えられてきました。本章では、近年の研究によって根拠が明らかになっている効能を紹介します。

ウメは「食品」

◎ウメは一般食品

私たちが普段口にするものは、「医薬品」、「特定保健用食品（特保）」、「栄養機能食品」、「機能性表示食品」、「一般食品（健康食品）」などに大別できます。生のウメ果実、もしくはウメを原料として加工された梅干しなどの加工品は、基本的には「一般食品」に分類されます。

◎ウメは生薬？

生薬とは、「動植物の薬用とする部分、細胞内容物、分泌物、抽出物又は鉱物など」（第十七改正日本薬局方より）と定義されており、漢方薬の原料としても知られています。

ウメは加工することが前提のため、生の果実が生薬と扱われることは少ないです。一方、未熟なウメ（青ウメ）を燻製・乾燥した烏梅《うばい》は、古くから生薬として紹介されることがあります。2～3世紀に書かれ、中国最古の本草書（薬用になる動植物などの本）といわれる「神農本草経《しんのうほんぞうきょう》」には、烏梅が梅實《ばいじつ》（梅実）という名前で掲載されており、薬効としては、「いらいらして胸が張ること」や「体の痛みや片麻痺、知覚障害、皮膚が変色」する症状の改善に効果があると掲載してあります。その後に発行された文献にも烏梅の記載は多く、民間薬（106ページ）としての利用が盛んです。

ただし、日本で用いられている医薬品について、その品質、純度、常用量などを規定した日本薬局方（第十七改正）には、生薬としての烏梅の記載がなく、国内では正式には烏梅もいわゆる「薬」ではなく、前述のウメ果実やほかの加工品と同じように、一般食品ととらえたほうがよさそうです。

◎「特保」や「機能性食品」でもない

一般に特保（トクホ）とよばれる特定保健用食品は、CMなどでも見かけるようになったため、消費者の認知度も高まっており、該当する商品を購入したことがある方も多いのではないでしょうか。この特保は、製品ごとに健康維持効果（効能）や有効性、安全性について審査を受け、表示について国の許可を受ける必要があります。一方、機能性表示食品は、その商品がもつ健康維持効果などについて、国ではなく商品を製造する事業者が情報を集め、国に届け出るしくみです。両者は、商品の品質を国が保証するか、事業者が保証するかが大きな違いといえます。

特保や機能性表示食品は、ともに食品がもつ効能を消費者にアピールする制度だといえますが、消費者庁のwebページなどで検索したところ、ウメの効能を主体にしたこれらの製品の認定はないようです（うめ味などを除く。2018年1月現在）。一部の団体からは、「梅干しを機能性表示食品にしよう」という声も上がっているようですが、今後の動向に注目したいと思います。

◎不確かな効能を明記できない

前述のように、ウメ関連の食品は医薬品ではなく、特保のように国から効能を認められた食品でもないため、「病気を治す」、「老化を防止する」などといった不確かな効能の記述とともにその商品を販売することは、医薬品医療機器等法（旧薬事法）や健康増進法などによって禁止されています。加えて、科学的な根拠が明らかになっていない効能を書籍などに明記することも禁止されているため、本書でも、不確かな効能に関する情報の記述は極力控えたいと思います。

一方で、多くの研究機関がウメの効能に関する研究を行っており、ウメがもつ健康維持効果の科学的な根拠が徐々に明らかになりつつあります（特許を取得しているものもある）。このような科学的根拠を紹介していくことは、ウメを多方面から語る上でも非常に重要です。

次ページからは、ウメがもつ効能の科学的根拠について、研究者が公開した科学論文を情報源として紹介していきたいと思います。

研究最前線

ここまで分かった ウメの効能

◎効能が明らかになりつつある

ウメの加工品は、前述のように一般食品ではありますが、その効能についての注目度は高く、昔から多くの研究がなされています。102～105ページでは、ウメの効能について、大学などの研究機関が明らかにした研究事例、つまり科学的根拠のうち、1998年以降に発表された比較的新しい科学論文に限定して紹介します。

これらの研究成果が今後さらに蓄積されることで、梅肉エキスなどの食品が「特保」や「機能性表示食品」などに名を連ねることもあるかもしれません。今後の研究に期待したいと思います。

なお、この章で紹介している研究事例は、すべて筆者以外の研究者が明らかにしたデータです。これらのデータを明らかにした研究者に深く敬意を表します。

◎実験には3つの方法がある

食品の効能を調べる実験は、①「シャーレなどのなかで行った実験」、②「ラットなどの動物を対象とした実験」③「ヒト（人）を対象とした実験」に大別することができ、本章で紹介する各検証についても、この3つの実験結果に分けて紹介していきます。

まずは、それぞれの実験方法について解説します。

①シャーレなどのなかで行った実験

シャーレや試験管などのなかで体内と同様の環境を人工的に再現し、ウメの食品やその抽出物が病原菌や人の細胞などに及ぼす影響を調査した実験です。

実験が簡便で迅速に行えるメリットがある反面、体内で行われる複雑な反応を再現しているかを各実験において議論する必要があります。

②ラットなどの動物を対象とした実験

ラットやネズミ、ウサギなどの動物を用いて、ウメの食品やその抽出物が及ぼす影響を調査することで、人に行った場合と近いデータを得ることができます。

一般には、ほかにもイヌやネコ、サル、魚類など多様な動物がに用いられることがあります。ウメの効能に関する実験では、ラットなどのげっ歯類を用いた実験が多くみられます。

③人を対象とした実験

自ら希望する被験者に実験の協力を仰ぎ、その効果を確かめる方法です。実際に人への影響を確認することができるため、より実用的なデータを得ることができます。

一方、人を対象として研究を行う場合は、安全性や倫理的妥当性、結果の信頼性などの遵守すべき事項がたくさんあり、最大限の配慮が必要となるため、研究の労力や予算がかかります。

Column

●ウメのタネには毒がある？

普段、梅干しを食べて口に残る硬いタネ。正式には硬い殻の部分を核（内果皮）といい、割った際になかにあるやわらかい部分がタネ（種子、仁《じん》）です。

このタネには、アミグダリンという物質が含まれています。アミグダリンは青酸配糖体の一種で、果肉にも微量に含まれており、腸のなかで分解されると青酸（シアン化水素）を発生して、摂取する量が多いと嘔吐や頭痛などの症状が発生する可能性があります。

ただし、アミグダリンは果実の成熟や梅干しなどの加工の過程で分解されるため、果肉を利用する場合には健康被害の心配はありません。タネについても成熟とともに減少するため、1～2個食べる分には問題ないですが、海外ではアミグダリンの多量摂取による健康被害が報告[(1)]されており、まとめて摂取しないほうが無難です。

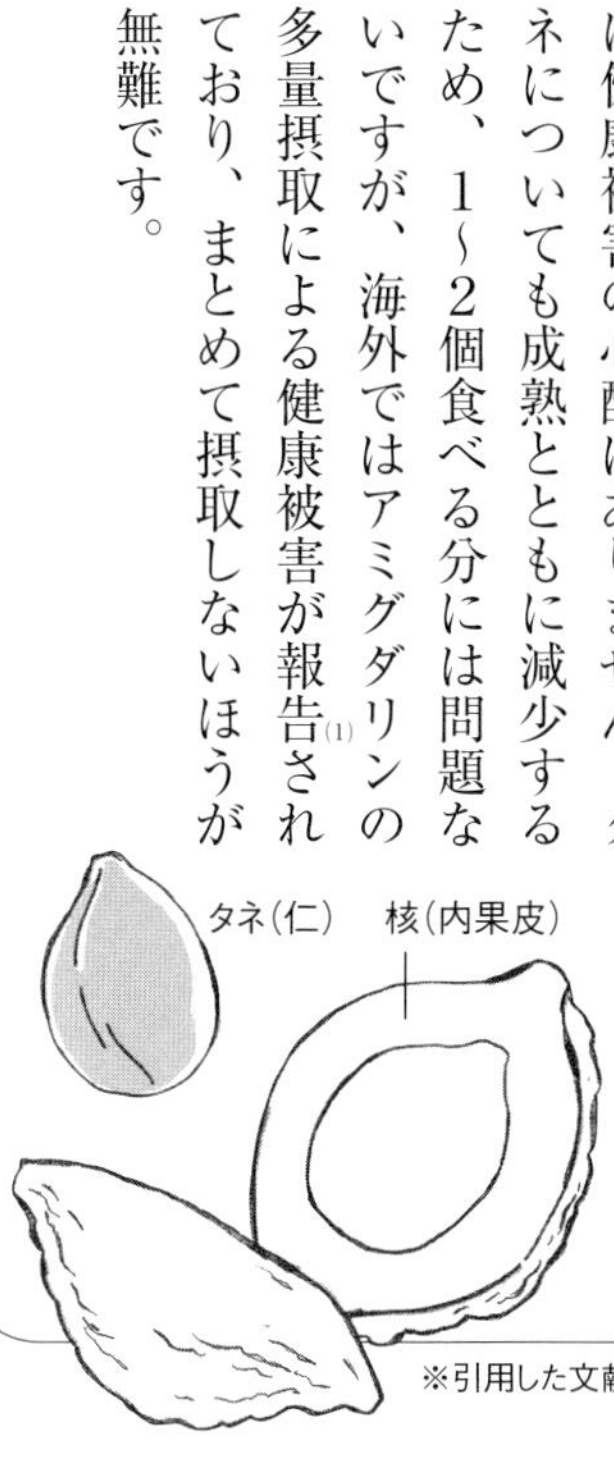

※引用した文献の情報は126ページに記載します。

◎ピロリ菌の増殖を抑える効果

ヘリコバクター・ピロリ菌（ピロリ菌）とは、ひげ状の器官を回転（ヘリコ）させながら活動する細菌（バクター）で、人の胃の出入り口付近の幽門部（ピロリ）で最初に発見されたため、名付けられました。ピロリ菌は胃酸液に接しても死滅することがなく、胃に寄生して胃粘膜に徐々に影響を与え、場合によっては胃がんなどの消化器疾患を及ぼす原因菌となります。

近年認知度が高まっており、検査や除菌のシステムも確立されていますが、日常的に摂取する食品で、その増殖を抑制することが望まれています。

シャーレなどのなかで行った実験

梅肉エキスを用いた実験では、0.9％や1％に薄めた梅肉エキスが、ピロリ菌の増殖抑制に効果的であったことが報告[2][3]されています。

また、未熟なウメに含まれるリグナンの一種、シリンガレシノールという物質がシャーレ内のピロリ菌の増殖を抑制したという報告[4]もあります。

ラットなどの動物を対象とした実験

スナネズミに3％の梅肉エキスを予防的に与えた個体と与えてない個体を区別し、その1週間後に両方のスナネズミの胃にピロリ菌を感染させた場合、予防的に梅肉エキスを与えた個体のほうがピロリ菌の感染率が低くなるという報告[5]があります。

人を対象とした実験

ピロリ菌感染者18名に1％梅肉エキス１３０㎖を12週間与え続けたところ、2名のピロリ菌検査が陰性になった（除菌された）という結果が報告[6]されています。

一方、ウメをよく摂取する集団とあまり摂取しない集団を比べたところ、ピロリ菌の感染率に違いはなかったという報告[7]もあります。ただし、同じ報告のなかで、ウメをよく摂取する集団は、あまり摂取しない集団に比べ、胃粘膜の炎症を起こしやすい指標である血清ペプシノゲン値が低いことも明らかになっており、ウメの摂取が胃の健全化を助ける効果がある可能性も示唆されています。

◎血糖値を下げる効果

厚生労働省が2016年度に行った国民健康・栄養調査によると、糖尿病が強く疑われる人は国内に約1000万人いると推測されています。糖尿病の可能性を否定できない人を加えると2000万人に達し、多くの日本人が血糖値（血液内のブドウ糖の濃度）に注意しなければならないことが分かります。

ラットなどの動物を対象とした実験

肥満や糖尿病を起こしやすいラットに2週間継続して、0・25%に調整した梅エキスもしくは比較のための水を与えて準備し、その後ブドウ糖を与えた場合、水を2週間与えたラットに比べ、梅エキスを与えたラットのほうが180分後の血糖値が明らかに低かったという実験結果が報告[8]されています。

この実験から梅エキスにはラットの血糖値を下げる効果があることがわかります。この他にもラットやマウスを対象とした同様の報告を確認できました。今後、人を対象にした研究が進展することを期待しましょう。

Column

●クエン酸には疲労回復効果がある？

梅干しが酸っぱく感じるのは、生のウメの果実にクエン酸が4・5%程度、リンゴ酸が1・5%程度含まれ、濃縮されるからです。クエン酸といえば、昔から疲労回復効果があるとされ、疲れには梅干しや梅ジュースを摂取するとよいという話をよく聞きます。

クエン酸に疲労回復効果があるという効能の根拠となっているのは、疲労の原因となる物質が乳酸であり、筋肉のなかにたまった乳酸が疲労回復を遅らせるという仮説があるからです。また、クエン酸が乳酸を除去する効果があり、また、クエン酸を摂取することでクエン酸回路というエネルギーを生み出すための活動が活発になるのも根拠として考えられているようです。

しかし、最近では乳酸が疲労の原因となるという説に異論を唱える報告[9]も少なくなく、クエン酸に疲労回復効果があるという考え方についても再考の余地がありそうです。同時に、ウメの疲労回復効果についても、現状では確定的ではなく、クエン酸以外の成分も含めた今後の研究成果を待つ必要がありそうです。

◎インフルエンザを予防する効果

インフルエンザとはインフルエンザウイルスによって引き起こされる呼吸器感染症で、子どもや高齢者などは重症化しないような注意が必要です。ワクチン摂取や手洗いなどでの予防が推奨されていますが、身近な食品であるウメ食品を摂取することによって予防効果があるとなれば、喜ぶ人も多く、積極的に食べるきっかけになると思います。

シャーレなどのなかで行った実験

シャーレ内で培養したイヌ由来の細胞に、A型のインフルエンザウイルスを感染させ、ウメの濃縮果汁（梅肉エキス）が及ぼす影響を調査した報告[10]があります。この報告では、A型のインフルエンザウイルスのうち、H1N1、H3N2の増殖を高濃度の梅肉エキスが強く抑制するデータが示されていました。

一方、人を対象とした科学論文については、見つけることができませんでした。人に対する応用研究の分野が推進することを期待したいと思います。

◎がん細胞の増殖を抑制する効果

厚生労働省の国民健康・栄養調査（2016年度）によると、日本人の死亡原因の1位はがん（悪性新生物）の28・5％で、2位の心疾患15・1％と比べても2倍近い割合です。がんによる死亡者数は増加し続けており、社会問題となっています。

シャーレなどのなかで行った実験

ウメ抽出エキス（MK615という物質）が、シャーレなどの実験室内で培養された結腸がん細胞[11]や脾臓などのいくつかのがん細胞[12]の増殖を阻害したことが明らかにされています。

これらの報告から、ウメの抽出エキスが、シャーレのなかのがん細胞の増殖を抑える効果があることが分かります。加えて、102ページの「ピロリ菌の増殖を抑える効果」が実証されれば、ピロリ菌が原因となって発症する胃がんについても予防効果が期待できると思います。がんで苦しむ患者や将来の発病を不安に感じている人が多いことから、人に対する実験が強く望まれています。

◎血流を改善する効果

血液の巡りが悪くなって、いわゆるドロドロの血液になると、脳梗塞や心筋梗塞の発症のリスクが高まるといわれています。毎日食べる食品に血液をサラサラにする効果があると分かれば、喜ぶ消費者は多いと思います。ウメ関連の食品には血流を改善して、血液をサラサラにする効果はあるのでしょうか。

人を対象とした実験

生理食塩水に溶かした梅肉エキスを9名から採取した血液と混ぜて、その血流速度を調査した報告(13)があります。毛細血管を想定した装置に梅肉エキス入りの血液を流して通過速度を測定したところ、生理食塩水だけを混ぜた血液に比べて11~52%短縮されていたようです。このため、梅肉エキスには、血流を改善させる効果があることが予想されます。この研究チームは別の科学論文(14)で、血流改善効果がある原因物質を特定し、単離・精製することに成功して、「ムメフラール」という名前をつけています。

血液に混ぜるのではなく、ウメ食品を摂取したあとの人から血液を採取して、その血流速度を調査した研究もあります。40~50代の健常な男性5名に、採血1時間前に塩を抜いて薄めた梅酢400㎖を飲んでもらい、水道水400㎖を飲んでもらった場合と比べたところ、梅酢を飲んだ場合のほうが、明らかに血流が改善したという報告(15)があります。同じ報告のなかで別の実験として、同じ被験者が1か月間、薄めた梅酢を毎日100㎖飲み続けた場合も調査しており、水道水を毎日100㎖飲んだ場合と比べて血流改善効果があったことも報告されています。

現状では報告数がまだ少ないですが、人を対象とした実験結果が蓄積されて社会に認知されれば、血流改善効果を期待してウメ食品を積極的に摂取する消費者も増えるでしょう。

Column

●民間薬としてのウメ

長年にわたってその効能が語り継がれ、効果が期待されてきた一般食品などを民間薬といいます。民間薬のなかでも、近代になって効能や安全性などが科学的に証明され、製法が確立されたものについては、生薬として医薬品になっていますが、そうでないものについては、未だに民間薬として、語り継がれています。

ウメは梅干しや梅肉エキスなどに加工され、代表的な民間薬として日本人の生活に溶け込んで活躍しています。具体的な活用例については4章で解説しますが、ここではウメが民間薬として確立されるまでの歴史を、いくつかの文献をもとに紹介したいと思います。

民間薬に関する記録は、日本よりも中国の方が古く、最古の文献は98ページでも解説した『神農本草経』です。書かれた正確な年は定かではありませんが、2～3世紀といわれ、烏梅の薬効が書かれています（98ページ）。烏梅の日本への導入は、飛鳥から奈良時代といわれ、薬として利用されていたようです。

時代は下り、中国・明の李時珍が1569年に出版した『本草綱目』は、薬に用いられる動植物など（本草）の種類や効能をまとめた文献で、それまでにない充実した内容だったため、数年後には日本にも導入されました。薬好きとして知られる徳川家康にも1607年に献上されたといわれています。

日本では貝原益軒の『大和本草』（1709年）や平賀源内の『物類品隲』（1763年）などによって本草（薬用動植物）の研究がすすみ、日本独自の文化が発展します。『諸国古伝秘方』（衣関順庵・1817年）には、今でいうところの梅肉エキスのレシピまで記されています。それによると、梅肉エキスは傷寒（赤痢、腸チフスなど）に効果がある旨の記載がありますが、その効果については、現代の科学では十分な実証がなされていません。

昭和になると、『原色和漢薬図鑑』（難波恒雄・1980年）などのカラーイラストがついた一般向けの書籍が発行され、医者や専門家でなくても民間薬としてのウメに親しむことが可能になりました。しかし、より効果が高くて即効性の薬が流通したことにより、ウメの認識は薬から食品へと変化していったのです。

第4章

身近な活用例

前章で紹介したように、科学的根拠が明らかにされた効能がある一方で、そうではなくても日本人の暮らしに寄り添い、役立ってきたウメの活用方法がたくさんあります。本書では、ウメの身近な活用例を紹介します。

※本章は古くからのウメの活用法を紹介したものであり、その効果を保証するものではありません。

家庭に伝わる活用法

◎食欲増進

夏バテや疲労、ストレスなどで食欲がないときに梅干しで食欲を増進させるのは、よく知られた食卓の知恵です。すっぱい梅干しは、見ているだけで口の中に唾液が溜まってきますが、唾液が胃腸を刺激して活性化し、唾液などの消化酵素の分泌を促すといわれており、食欲が増しつつ、さらに消化を助ける効果が期待できます。

シンプルにご飯やおかゆに梅干しをのせるのはもちろん、梅酢や梅肉ペーストを用いるのもよいでしょう。

◎食あたりに

急な腹痛や下痢におそわれたときに、応急処置として青ウメを煮つめた梅肉エキス（79ページ参照）をなめたり、梅酢を飲んだりすることが、民間療法として広く伝えられてきました。科学的に効果が認められているわけではありませんが、梅肉エキスなどに殺菌効果があることは確認されており、完全な迷信というわけでもなさそうです。

梅酢を飲む場合は、水やお湯で割って飲む人も多いようです。塩分が気になる場合は、梅肉エキスをなめるほうがよいかもしれません。

◎頭痛のときにこめかみに

頭痛のときにはこめかみに梅干しを貼るとよい、という言い伝えがあります。こうした風習は、治療法として確立されたものではありませんが、ウメに含まれるベンズアルデヒドという香り成分によって、鎮痛効果が得られるという説もあります。

ただし、こうした言い伝えが広く普及していた時代の梅干しは、塩だけで漬けた〝すっぱい梅干し〟であり、ハチミツや添加物が加えられたものではないことを心得ておくべきでしょう。現代はアレルギーや肌の過敏症などの問題も広く認知されているため、肌に直接果肉を貼ったりぬったりする場合には、細心の注意が必要です。

肌にぬるとかえってトラブルになる場合も。十分な注意を

◎目薬にもなった梅肉

江戸時代には、梅肉は目薬の材料としても用いられていました。京都で作られていた『井上《いのうえ》目《め》洗薬《あらいぐすり》』は、梅肉などを混ぜて水に浸し、貝殻の中に入れて販売されていました。この薬は、戦前までは製品として流通していたということです。

『江戸の医療風俗事典』（鈴木昶・２０００年）によると、『井上目洗薬』は梅肉のほかに、炉甘石《ろかんせき》という鉱物由来の生薬や樟脳、蜂蜜、氷砂糖を混ぜ合わせてペースト状としたもので、絹の小袋で巾着状に包んで蛤の殻に入れていたということです。

◎日の丸弁当

梅干しなどのウメ食品がもつ抗菌作用は、古くから注目されており、科学的にも黄色ブドウ球菌や病原性大腸菌O－157などといった、食中毒菌の増殖を抑制する作用があることが多くの科学論文で報告されています。そのため、日の丸弁当は利にかなったスタイルといえます。

ただし、一個の梅干しでどこまで制菌作用があるかというと、基本的には梅干しが触れている部分を中心に限られた範囲しか抗菌作用が期待できないことが予想されます。

白いご飯の真ん中に梅干しを乗せた「日の丸弁当」は、日本人にとってなじみ深いもの。一年中ある梅干しは、毎日のお弁当づくりの頼もしい味方です。

◎梅醤番茶

どこか体の調子がすぐれないとき、あるいは日々の健康を維持したいときなどに、家庭において飲まれてきた飲み物に、「梅醤番茶《うめしょうばんちゃ》」というものがあります。

器に入れた梅干しを箸でかるくつぶし、しょうゆ小さじ1を加えてかきまぜたら、熱い番茶を注ぎます。さらにショウガ汁やしょうゆを少々加えてもよいでしょう。

熱い「梅醤番茶」で、冬は体を温め、夏は夏バテ解消、さらには二日酔いにも、と昔から親しまれてきた飲み方です。

◎梅干しの黒焼き

民間薬として古くから利用されてきたものに、梅干しを炭化させた「黒焼き」があります。これを煎じて飲めば、腹痛、風邪、発熱、のどの痛みなど、多くの症状に効果があるとして珍重されてきました。

科学的根拠は定かではありませんが、民間薬を体験する目的で試しに作ってみてもよいでしょう。

梅干しの黒焼きの作り方

①アルミ箔を適当な大きさに切り、二重に重ねる。その上に、梅干し5～6個をのせて包む。

②焼き網の上にのせて極弱火でじっくりと焼く。途中でアルミ箔を開いて梅干しをひっくり返し、また包んで焼く。これを、全体が黒くなるまで繰り返す。

③梅干しが真っ黒に炭化したら、アルミ箔から出してすり鉢で粉にして、完成。密閉容器に入れて保存する。

※スプーン約1杯を白湯によく溶かして飲む。

◎お茶請けとともに

梅酢は、水で薄めてドリンクにもなります。炭酸水で割ったり、飲みにくいときはハチミツなどを加えて飲みやすくしてもよいでしょう。夏に出されるお茶請けとの相性も抜群です。

◎野菜の色止め

ゴボウやナス、レンコンなどのアクの強い野菜は、切りっぱなしにしておくと切り口から色が黄ばんだり黒ずんだりしてきます。カットした野菜を色よく使いたい場合は、ボウルに入れた水に梅酢を加えておき、そこに5〜10分ほどさらしておくだけで変色を防げます。

ショウガやミョウガ、ラディッシュなどは、酢水につけると、逆に赤みが鮮やかに引き立ちます。この酢水を作るときに梅酢を使えば、さっぱりとした風味を味わえます。

◎素材の臭み抜き

動物性の食材には、特有のにおいがあり、そのにおいで好き嫌いが決まることも多いといえます。梅酢（81ページ参照）は、臭み抜きにも効果があります。

レバーや青魚の下ごしらえ（96ページ参照）に梅酢を使えば、食べ物の好き嫌いがなくなるかもしれません。

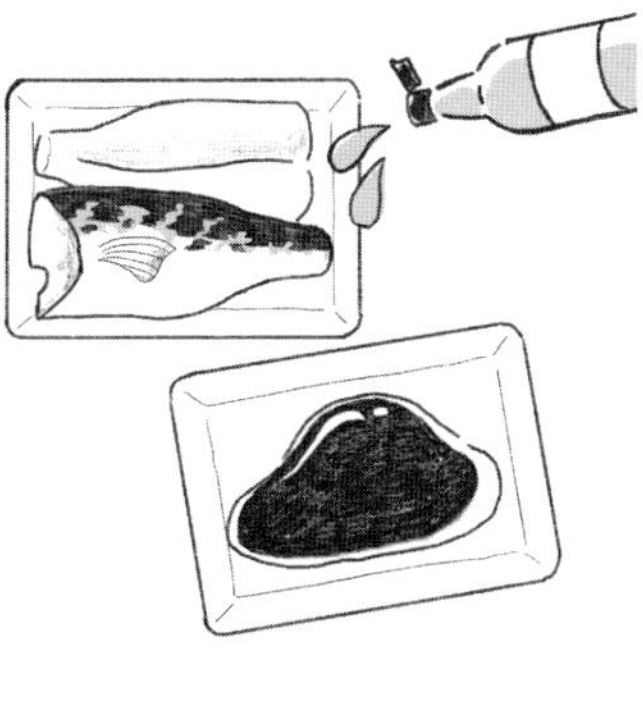

◎タネで臭み抜き

臭みのある食材を梅干しといっしょに煮込むと、その臭みが軽減されます。そのとき、梅干しをそのまま使うのでなくタネを活用すると、無駄がなくてよいでしょう。タネについている梅肉によって、十分に臭み抜きの効果を得られます。

梅干しを食べるとき、直接口をつける前に、箸などでタネを取り除いて容器に保存しておきましょう。

◎魚の身をしめる

新鮮な魚は身がピンとしてかたいのですが、鮮度が落ちるとだらりとしてしまいます。そこで、酢を使って魚の身をしめる方法は、先人から伝わる料理の知恵です。しめサバ、酢ダコ、酢ガキなど、酢の特性を生かした料理はたくさんあります。魚介類は、傷みが早いので、殺菌作用のある酢で処理をして鮮度を保つ意味もあります。

梅酢も一般的な食酢と同様の効果があるので、料理に使って魚介類をおいしくいただきましょう。

◎昆布をやわらかく煮る

昆布を煮るときには、梅干しを入れるとやわらかくなるといわれています。ただし、入れ過ぎは厳禁。逆に繊維がくずれ過ぎてベタベタになってしまいます。20cm長さの昆布に対して中粒の梅干し4〜5個が分量の目安です。昆布を水につけて戻す場合も、梅酢を加えると効果的です。梅酢は水の2割程度が適量です。

◎生ものの鮮度維持に

その日のうちに料理するつもりで買った鶏肉や魚を、予定が変わって結局使わなかったということは、よくあるものです。

こういう場合は、食材に梅酢少々を手でこすりつけておくと鮮度を保つことができるので、おすすめです。

◎梅調味料の黄金比

梅肉や梅肉エキスをベースにして、合わせ調味料を作りおきしておくと便利です。

分量の目安としては、梅干し1に対して他の調味料が2、梅肉エキスの場合は1に対して他の調味料が10の比率で混ぜるのがおすすめ。もちろん、好みで量は調節しましょう。

梅干しはマヨネーズやみそ、梅肉エキスはハチミツやしょうゆなどが好相性です。

◎青ウメの冷凍保存

青ウメは、日がたつとすぐに熟してしまうので、梅酒や梅ジュース、梅ジャムの加工適期は一瞬です。そこで、青梅を冷凍することで、季節問わずに青ウメを楽しむことができます。

冷凍した青ウメはそのまま食べることはできませんが、砂糖や焼酎を加えて熟成させれば、さわやかな梅ジュースや梅酒になります。

◎梅干しは3年目がおいしい

干し上がり直後の梅干しは塩味も強く、まだまだ若い感じがします。半年たつと塩味と酸味がなじんで落ち着いた味わいになり、さらに3年ほど経過してくると、熟成した深みのある風味になっていきます。それを過ぎると、果肉がもろくなり、色や香りも落ちますが、塩味はいっそうやわらかで、まろやかな味わいになります。好みもありますが、自家製の梅干しを堪能するには、3年目くらいが一番よい味わいになるようです。

保存するときには、瓶に製造年月日を記しておき、年月とともに変化していく風味を楽しみたいものです。

◎へたを取るときのコツ

梅干しにする際に、梅のへた（正式にはへたではなく軸）を取る作業がありますが、この時に無理やり引っ張ったりすると果実に傷がついてしまいます。その傷口から雑菌が入るおそれもあるため、慎重におこなうようにしましょう。

へたを取るときは、まず、楊枝または、竹串を用意します。へたと果実のすき間に楊枝の先を挿し込んでから、てこの原理の要領で先端をやさしく上げると簡単にとれます。このとき、楊枝を実の部分に刺さないように注意しましょう。

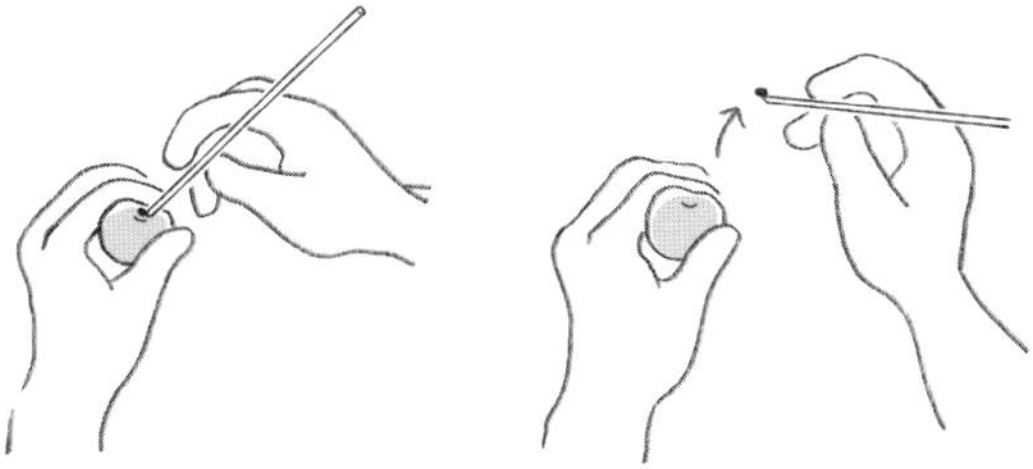

◎梅干しを裏ごししてなめらかに

梅肉ペーストは、梅干しを包丁で叩いて作るのがふつうですが、裏ごし器と木べらで裏ごしするやり方もあります。より口当たりがなめらかになり、仕上がりもきれいです。

◎お酒の口当たりをマイルドに

焼酎のアルコール臭が苦手だという人は、梅干しを入れてマイルドな口当たりにするとよいでしょう。焼酎のお湯割りに梅干しを入れて崩して飲むのが一般的ですが、ウィスキーに沈めたり、サワーに入れて飲むのもよいでしょう。

◎特製ドリンク

梅干しや梅酢、梅肉エキスなどを使って、ドリンクを手作りすることができます。

梅干しの場合

バナナやリンゴ、キャベツ、ニンジンなど、好みの野菜や果実を、ハチミツとともにミキサーにかけてジュースにすれば、朝食にぴったりです。

梅酢の場合

そのまま冷水やソーダなどで割って楽しみます。

梅肉エキスの場合

黒砂糖やハチミツを10に対して、梅肉エキス1の割合で合わせて煮溶かし、濃縮ジュースを作っておきます。飲むときに、水やお湯で、好みの濃さに割って飲みます。

◎材としての利用

樹木であるウメは、枝や幹の部分を材として利用することができます。材としての特徴は、緻密で堅いことがあげられます。また、樹齢がすすむと中心部分（心材）が褐色～紅褐色になり、その模様に風情があります。

床の間の床柱

節が多くて硬く、加工しにくいのが特徴です。また、大木が少なく数がそろいにくいため、スギやヒノキのように建築用の主要な木材として利用されることは稀です。一方、鑑賞性が高いということで、一部の愛好家からは床の間の床柱として珍重されています。

細工物

細工物とは細工を施した工芸品のことで、箱類や彫刻などの材料として利用されることがあります。いずれも特徴的な材の色や模様を生かすのが主な目的です。

箸

和のイメージが強く、身近な樹木ということで、特におめでたい席で利用する箸の材料として利用されます。

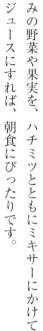

第5章

なるほど雑学

ウメと日本人との付き合いは古く、
思わず人に話したくなるような雑学がたくさんあります。
本章では、ウメに関する文化的な雑学から
政府が公開している統計まで、多角的な視点で紹介します。

ウメにまつわる豆知識

◎ウメの来歴と語源

白米の上に梅干しがのったものを日の丸弁当ということや、多くの家紋や和服、和食器などのモチーフにウメが用いられていることからも、ウメが和の象徴として日本人に考えられていることが推測できます。読者の皆さんのなかにも、ウメという植物が発生した地域、つまり原産地が日本だと思っていらっしゃる人は多いのではないでしょうか。

ウメの原産地は中国（四川省、湖北省、雲南省など）で、弥生時代頃から何回かに分けて中国から日本に導入されたという説が有力視されています。縄文時代以前の遺跡からは、ウメのタネが出土していないということが日本が原産地ではないとする主な根拠ですが、過去には野生種が豊富な九州が原産地だと主張されたこともあります。確かなのは、少なくとも弥生時代といった大昔からウメが日本人に親しまれてきたことで、和の象徴として用いられるのは当然ともいえます。

さて、ウメという名前が何に由来するか、その語源については烏梅《うばい》（98ページ参照）だという説があります。烏梅は遣隋使などの交易品として国内に持ち込まれたといわれていますが、岡不崩は、その著書の『古典草木雑考』（1934年）の中で、梅は中国語音（唐音）でメィであり、烏梅をウメィと和訓にすることで（漢語を日本固有の読みにすることで）、ウメ（梅）という名前が広まったと推測しています。

他にも、熟実《うむみ》が転化したという説やウツクシクメズラシキ（美しく珍しき）を略したという説、ハングルの梅の発音メシルから由来する説など、さまざまな説がありますが、正確な記録がなく、推測の域を脱しません。

◎桃栗3年、柿8年、梅13年？

「桃栗3年、柿8年」ということわざがあります。これは、タネから育てた場合に、初めて収穫できるまでに要する年数が、モモやクリは3年、カキは8年かかるという意味です。また、何事も成し遂げるには相応の年月が必要だという意味でも使われているようです。確かな文献を見つけることはできませんでしたが、少なくとも江戸時代後期の文献にはすでに記載があるようです。

じつはこのことわざには、「枇杷《びわ》は9年でなり下がる、梅は酸《す》い酸《す》い13年、柚子《ゆず》の大馬鹿20年」という続きがあります（内容は、時代や地域によって諸説有り）。つまり、ウメをタネから育てると、初結実までに13年かかることになります。実際にも6～13年程度かかるため、これは妥当な数字だと思いますが、いずれにせよ、ユズにはかなわないものの、ウメは初結実まで年数がかかる果樹という認識が、昔からあったということが分かります。

苗木を植えると、早ければ3年程度で結実するので、収穫を目的とする場合はタネを植えるのではなく、なるべく苗木を購入するとよいでしょう。

◎申年のウメは体に良い？

「申年《さるどし》の梅は体に良い」という言い伝えを聞いたことはありませんか？　読んで字のごとく、干支の申年に収穫され、加工された梅干しなどの食品を食べると体によいという意味ですが、これは事実なのでしょうか。結論から言うと、申年に収穫されたウメが、他の年に収穫されたウメよりも栄養学的に優れているという科学的根拠はありません。ウメの栄養成分の量が収穫された年によってばらつくのは確かですが、申年の果実が他の年の果実よりも効能があるという根拠はないのです。

それではこの言い伝えはなぜ広まったのでしょうか。有力かつ有名な説は、平安時代に村上天皇が申年の正月に病気でご療養されている際に、福茶といって梅干しや昆布などが入ったお茶を飲んだことで回復し、その風習を広く広めたという逸話がきっかけというものです。他にも、申年《さるどし》のために病が去《さ》るということで、縁起担ぎの語呂合わせという説もあるようです。

ウメには年に関係なく健康を維持する効果が期待できるので、申年以外にも積極的に摂取するとよいでしょう。

◎塩梅という言葉はいつから？

塩梅《あんばい》という、現代の日常会話にも登場する言葉があります。『広辞苑第七版』（新村出、２０１８年）によると、この塩梅という言葉には、「①塩と梅酢で調理すること。また、その味加減。一般に、料理の味加減を調えること。②物事のほどあい。かげん。特に身体の具合。③ほどよく並べたり、ほどよく処理したりすること。」という意味があるようです。この塩梅がいつ頃から使われているか、明確な答えはありませんが、２つの有名な文献を紹介したいと思います。

中国・明の李時珍が１５６９年に完成させた『本草綱目』には、「梅は媒で、衆味を媒合するものなり。故に、もし和羹を作らば、なんじ、これ塩梅たれ」という記載があります。現代訳すると、「梅酢はいろんな味を左右する食材であり、例えばお吸い物を作る際には、塩と梅酢の加減によって味が決まる」となります。この文献によって、今から少なくとも４００年以上前から、塩梅という言葉が用いられていることが分かります。また、この時代には、塩と同様に梅酢が重宝されていたことも読み解けます。

宮崎安貞によって１６９７年に刊行された日本最古の農業書である『農業全書』には、「上古は塩梅を多く貯へをきて、羹《あつもの》などの食味に皆是を加えて料理しけると見えたり。されば、今も料理の味を調ゆるをあんばいと云うは、いにしえ塩梅をもって加減をせしゆへとなり。」とあります。現代訳すると、「大昔は、塩や梅酢をたくさん蓄えて、お吸い物などの味つけに使っていた。今も料理の際に塩梅という言葉を使うのは、大昔から塩や梅酢を使って味つけをしていたからである。」となります。このことから、日本においても江戸時代よりずっと前から塩梅という言葉を使っており、日々の暮らしに塩梅という言葉が浸透していたということが推測できます。

以上のように、塩梅という言葉は日本においても大昔から使用されていたことがわかります。この塩梅の「梅」の部分を指す梅酢については、本書では80〜81ページの梅干し作りの塩漬けの過程などで得る方法を解説しています。ご自身の手で作ると喜びもひとしおです。ぜひとも「いい塩梅」といえるような梅酢を作ってみてください。

◎梅干しと鰻の食べ合わせ

食べ合わせが悪いというのは、一緒に食べると人体に害を及ぼす可能性がある食品の組み合わせのことです。食べ合わせが悪いもので有名なのが梅干しとウナギ（鰻）で、ひどい食あたりを及ぼす組み合わせとして、昔から広く言い伝えられてきたようです。

しかし現在のところ、梅干しとウナギを一緒に食べることによる人体への直接的な害は報告されていません。というのも、おなかのなかで両方の食品が混ぜ合わせられることで、悪影響がある物質が合成されるようなことはないようです。基本的には梅干しとウナギを一緒に食べても問題ないのです。

ただし、梅干しを食べると食欲が増進され（108ページ）、ウナギや白米を食べ過ぎてしまい、間接的に体調を崩す可能性はあります。あくまで推測ですが、この言い伝えには、食べ過ぎを戒めるような目的も少なからずあったのではないでしょうか。

他にも、平安時代中期の984年に書かれた、日本最古の医学書ともよばれる『医心方 食養編』では、食べ合わせを禁止する項目のなかで、烏梅（98ページ）と豚脂（ラード）の食べ合わせが紹介されています。この組み合わせについても、先ほどの梅干しとウナギと同様に、食べ合わせの直接的な害に関する医学・栄養学的な報告は見つけることはできず、食べ過ぎを戒める目的があるのではないかと推測します。

ウナギや豚脂に限らず、節度ある食事が、健康維持に重要であるとの先人の教えが垣間見える言い伝えだと思います。

◎梅干しが腐るとその家に不幸が起こる?

江戸時代には、コレラや赤痢、腸チフスなどの伝染病が蔓延することがたびたびあり、得体のしれない病気による恐怖は現代よりも大きかったことが予想されます。そんな時代に、梅干しや烏梅、梅肉エキスのようなウメの加工品は民間薬として利用され、実際に効果があったケースもあったのだと思います。つまりウメ関連の食品は民間療法には必須のアイテムであり、その代表である梅干しが、その製造工程で腐って(カビが生えて)使いものにならなくなるというのは、家人に病人が出た場合に薬を切らしている状態となり、困ることになります。

また、梅干しが腐っても、現代であれば人に感染する病気とは切り離して考えることができますが、科学的知識に乏しい江戸時代には、何か特別な病気が蔓延して、不吉なことが起こる予兆なのではないかというイメージがあったのだと予想します。そのため、梅干しが腐るというのは、忌み嫌う現象として認知されてきたのでしょう。梅干しが腐ってもその家に不幸が起こることはないので、安心して梅干し作りに励んでください。

◎梅干しは3年続けて作らないと縁起が悪い?

梅干し作りが盛んな地域では、「梅干しは3年続けて作らないと縁起が悪い」という言い伝えがあるようです。これが迷信なのは説明するまでもありませんが、言い伝えの背景は何でしょうか。

まずは、梅干しは80~85ページにあるように多くの工程を経てはじめて完成するものであり、失敗しやすいポイントがいくつかあります。また、ウメ果実の品質や干す際の天候などが年によって異なるため、少なくとも3年間は続けて行わないと、梅干し作りを習得したとはいえないという戒めなのではないかと推測しています。

また、「3年続けて作らないと習得できない」ではなく、「縁起が悪い」といわれるのは、同ページの上の段落で解説した「梅干しが腐ると…」とも関連しており、「3年続けないと習得できない」→「カビなどが生えて失敗すると不幸になる」→「縁起が悪い」というつながりなのだと思います。縁起が悪いという言葉にとらわれず、ぜひとも梅干し作りにチャレンジしてみましょう。

◎ウメ栽培の統計データ

国内におけるウメの生産状況を、農林水産省が公開している統計データをもとに紹介します。調査内容は農協等に出荷された果実の収穫量や結果樹面積（収穫できる木が植わっている面積）です。

右下の表は、ウメを含めた主要な果樹の収穫量と結果樹面積の統計データです。これによると、平成28年度のウメの収穫量は92・700トンでトップの温州ミカンの8分の1以下の量です。とはいえ、好きな果物として常に上位を占めるモモに次ぐ7位で、結果樹面積でいえばモモを上回り、健闘しているといえます。

左下の表は、都道府県ごとの収穫量と結果樹面積の統計データです。これによると収穫量の1位は和歌山県で全国の60％以上のシェアを占めており、日本のウメ生産は和歌山県に支えられていることが分かります。2位は群馬県で、以下、奈良県、長野県と続きます。統計データから分かるように、主な生産地は関東から九州の範囲に限られてはいますが、極端な温暖地や寒冷地を除き、日本全国で栽培できるのがウメの特徴といえます。

都道府県ごとのウメの収穫量と結果樹面積

都道府県	収穫量（t）	結果樹面積（ha）
和歌山	53,500	5,000
群馬	5,230	967
奈良	1,910	308
長野	1,810	441
三重	1,660	251
宮城	1,440	414
神奈川	1,320	365
大分	1,160	258
福岡	1,150	296
福井	1,070	492
山梨	1,070	392
埼玉	988	304
栃木	912	273
福島	910	408
茨城	823	440
愛知	792	340
静岡	784	234
広島	698	291
鹿児島	671	226
千葉	538	280
山口	482	235
徳島	440	135
計	86,800	15,100

出典：平成29年農林水産省　統計基本データ

国内における主要な果樹の収穫量と結果樹面積

果樹名	収穫量（t）	結果樹面積（ha）
温州ミカン	805,100	41,500
リンゴ	765,000	36,800
ニホンナシ	247,100	12,100
カキ	232,900	20,400
ブドウ	179,200	17,000
モモ	127,300	9,710
ウメ	92,700	15,600
セイヨウナシ	31,000	1,510
キウイフルーツ	25,600	2,040
スモモ	23,000	2,840
オウトウ	19,800	4,420
クリ	16,500	19,300
パインアップル	7,770	316
ビワ	2,000	1,330
計	2,575,000	184,900

出典：平成28年農林水産省　統計基本データ

開花日

２０１７年度のウメの開花状況を地図上にまとめてみたので、お住まいの地域の状況と照らし合わせて確認してみてください。

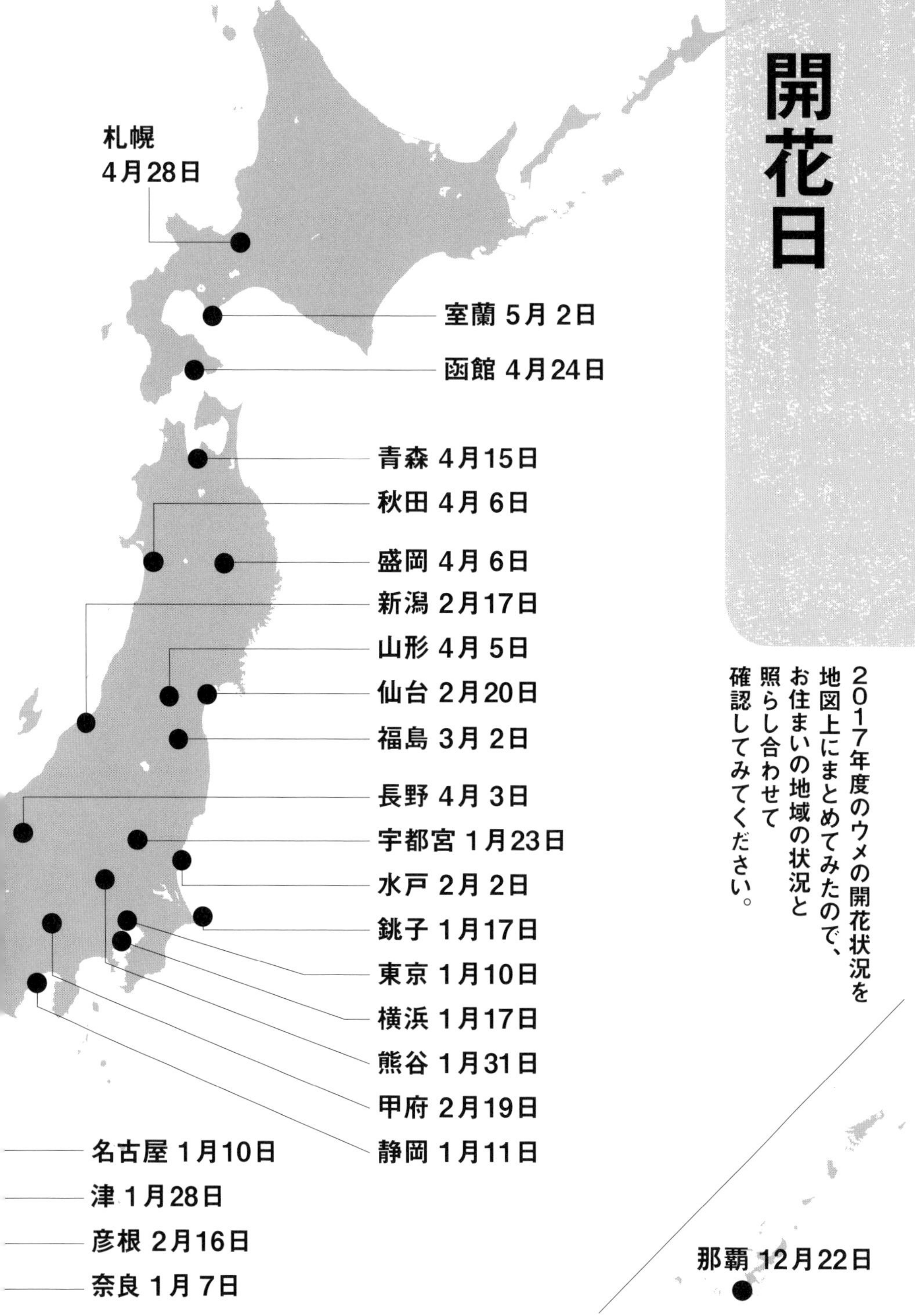

参考:気象庁ホームページ　生物季節観測の情報　うめの開花日(2017年度)

ニュースなどで耳にするウメの開花宣言。どのようにして決めているのかというと、標本木という基準となるウメの木を1本決めて、その木に5～6輪の花が咲いた状態になった最初の日を開花日としています。

標本木は都道府県ごとにあり、その状態を観測・公表しているのは気象庁です。品種を統一するのは難しいので、白い花が咲く品種にするという約束だけがあるようです。例えば大阪府では、大阪城公園の梅園に植えてある「白加賀」という品種（16ページ）の1本のウメの木が標本木として利用されています。

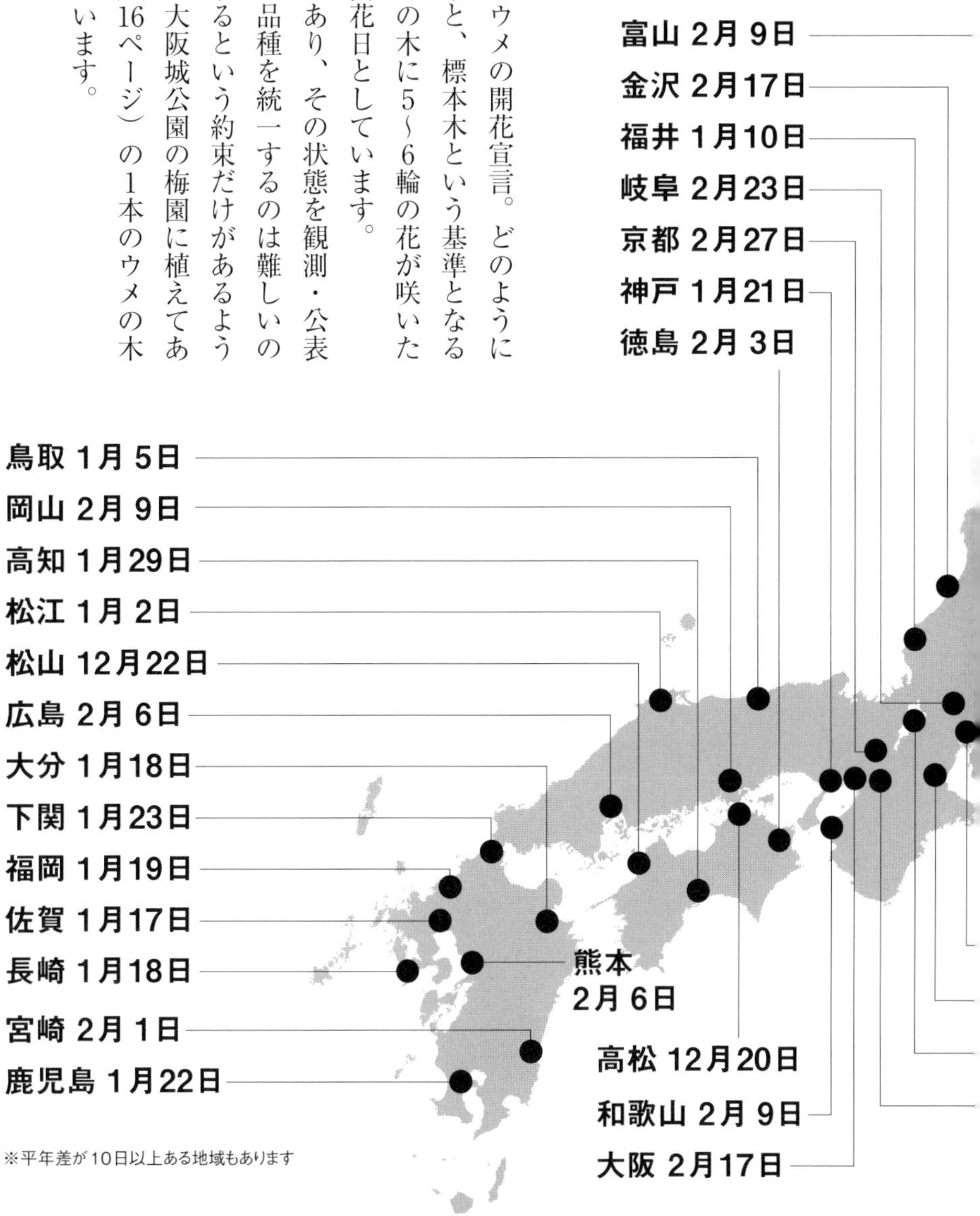

※平年差が10日以上ある地域もあります

●参考・引用文献

一般書、専門書など

・消費者庁webページ　機能性表示食品の届出情報
・厚生労働省平成28年度国民健康・栄養調査
・厚生労働省平成28年度人口動態統計
・『神農本草経解説』　森由雄編著　2011年　源草社
・『和語本草綱目』　岡本一抱著　1975年　春陽堂
・『大和本草　復刻版』　貝原益軒著　1983年　有明書房
・『物類品隲　覆刻日本古典全集』　平賀源内著　1978年　現代思潮社
・『原色和漢薬図鑑』　難波恒雄著　1980年　保育社
・『江戸時代の医療風俗事典』　鈴木昶著　2000年　東京堂出版
・『農業全書』　宮崎安貞編録　1936年　岩波書店
・『広辞苑第七版』　新村出編集　2018年　岩波書店
・『医心方　食養篇』　望月学現代語訳　1976年　出版科学総合研究所
・『古典草木雑考』　岡不崩著　1976年　第一書房
・気象庁生物季節観測の情報　2017年うめの開花日
・平成28年、平成29年度農林水産省　統計基本データ
・『松本紘斉のよく効く梅百科』　松本紘斉著　1998年　家の光協会
・『梅名人藤巻あつこの秘伝の梅仕事』　藤巻あつこ著　2005年　家の光協会

科学論文など

1）Bromley, J. et al. (2005). Ann. Pharmacother, 39(9):1566-1569.
2）藤田ら(2002). 日消誌, 99: 379-385.
3）Otsuka, T. et al. (2005). Asian Pac. J. Cancer Prev, 6: 337-341.
4）Miyazawa, M. et al.(2006). Biol. Pharm. Bull, 29(1): 172-173.
5）Utsunomiya, H. et al.(2005). Biomed. Res., 26: 193-200.
6）Nakajima, S. et al. (2006). Helicobacter, 11: 589-591.
7）Enomoto, S. et al. (2010). Eur. J. Clin. Nutr, 64: 714-719.
8）Utsunomiya, H. et al. (2005). Biomedical Research, 26(5): 193-200.
9）渡辺恭良.(2007). 日薬理誌, 129 : 94-98.
10）Yingsakmongkon, S. et al. (2008). Biol. Pharm. Bull, 31: 511-515.
11）Mori, S. et al. (2007). World J Gastroenterol, 13(48): 6512-6517.
12）Hattori, M. et al. (2013). Tumori, 99: 239-248.
13）忠田ら. (1998). ヘモレオロジー研究会誌. 1: 65-68.
14）Chuda, Y. et al. (1999). J. Agric. Food Chem. 47: 828-831.
15）渡辺ら. (1999). ヘモレオロジー研究会誌. 2: 37-42.

著者	三輪正幸
レシピ監修（第２章監修）	藤巻あつこ
編集協力（第２・４章まとめ）	川越晃子
撮影	倉田耕一、対馬一次、家の光写真部
写真提供	三輪正幸、株式会社山陽農園、JA紀南、 農林水産省横浜植物防疫所、PIXTA
イラスト	角しんさく（第1章）、ミズキハナ（第3～５章）
校正	かんがり舎
デザイン・DTP	石山 潔（CIS Design）
DTP	天龍社

●著者紹介

三輪正幸（みわ・まさゆき）

1981年、岐阜県生まれ。千葉大学環境健康フィールド科学センター助教。専門は果樹園芸および社会園芸学。「NHK趣味の園芸」の講師を務め、家庭でも果樹を気軽に楽しむ方法を提案している。主な著書に『おいしく実る！果樹の育て方』（新星出版社）、『果樹&フルーツ 鉢で楽しむ育て方』（主婦の友社）、『かんきつ類—レモン、ミカン、キンカンなど』（NHK出版）、『家庭でできる おいしい柑橘づくり12か月』（家の光協会）などがある。

●レシピ監修者紹介

藤巻あつこ（ふじまき・あつこ）

1921年、東京生まれ。料理研究家。梅に魅せられ、梅仕事歴60年以上という大ベテラン。梅干しや梅酒づくりのほか、梅を利用した調味料や料理にも造詣が深く、おいしいレシピにも定評がある。『梅干しと漬けものの本 レシピ104』（ルックナゥ）、『はじめての梅干し&梅レシピ』（主婦と生活社）、『おばあちゃんの梅干し・梅料理』『梅名人・藤巻あつこ 秘伝の梅仕事』（ともに家の光協会）などがある。

育てて楽しむ ウメ百科

栽培から梅干し作り、効能まで

2018年3月1日 第1版発行

著　者　三輪　正幸
監　修　藤巻　あつこ
発行者　髙杉　昇
発行所　一般社団法人 家の光協会
〒162-8448　東京都新宿区市谷船河原町11
電話　03-3266-9029（販売）
03-3266-9028（編集）
振替　00150-1-4724
印　刷　図書印刷株式会社
製　本　図書印刷株式会社

乱丁・落丁本はお取り替えいたします。
定価はカバーに表示してあります。

ISBN978-4-259-56569-5　C0061